区域整体开发施工阶段项目集群总控

- 郦建俊 主编 -

中国建筑工业出版社

图书在版编目（CIP）数据

区域整体开发施工阶段项目集群总控 / 郦建俊主编. 北京：中国建筑工业出版社，2024. 9. -- ISBN 978-7-112-30324-3

Ⅰ. TU712.1

中国国家版本馆CIP数据核字第2024L4M798号

本书紧扣时代发展趋势，结合成功工程实践，详细阐述了区域整体开发的背景和特点，从各团队承接的不同施工总控项目梳理出了施工总控的演化历程。剖析了区域整体开发不同阶段施工总控的关键任务，梳理出了建设时序策划、场地布置策划、交通模拟策划、建章立制策划、计划管理、界面管理、HSE 管理、第三方巡查、专题技术咨询、信息管理等重点工作的工作难点、工作流程和工作要点，系统化地构建了施工总控的实际操作指南、管理体系。回顾并总结了金桥城市副中心首开区、世博文化公园、临港金融总部湾等重大项目的施工总控经验。本书可为区域整体开发类城市施工总控的管理提供重要参考，也是持续促进我国城市区域集群开发管理与进步的积极探索。

责任编辑：季　帆　王砾瑶
责任校对：赵　力

区域整体开发施工阶段项目集群总控
郦建俊　主编
*
中国建筑工业出版社出版、发行（北京海淀三里河路 9 号）
各地新华书店、建筑书店经销
北京点击世代文化传媒有限公司制版
建工社（河北）印刷有限公司印刷
*
开本：787 毫米 ×1092 毫米　1/16　印张：12½　字数：236 千字
2024 年 12 月第一版　2024 年 12 月第一次印刷
定价：**68.00** 元
ISBN 978-7-112-30324-3
（43700）

版权所有　翻印必究
如有内容及印装质量问题，请与本社读者服务中心联系
电话：（010）58337283　QQ：2885381756
（地址：北京海淀三里河路 9 号中国建筑工业出版社 604 室　邮政编码：100037）

编审委员会

编审委员会主任：张　强　郁　勇

编审委员会副主任：庄国方　金　龙　邓绍伦　沈　铁
薄卫彪　陆荣欣　孙　静

编审委员会成员（排名不分先后）**：**

郎灏川　徐荣梅　姚　浩　康　勇　林　楠　杨星光
叶少帅　冯永强　李志伟　闫子舰　丰　晓　罗长春
薛宏平　董浩明　陈　鹏　于　凯　唐明杰　高文杰
王　磊　陈寿峰　岳　阳　张　鹏　卜　庆　张永福
山传龙　王　博　马洪涛　陶　红　陈光煜　岳薇薇

编写委员会

主　　编：郦建俊

编写委员会人员（排名不分先后）**：**

张晨晨　韩　毓　陈　浩　石登登　刘　辉　聂新良
黄　振　于　州　樊振家　张海飞　丁一凡　陈晓文
陈　彬　潘丹旎　曹再然　商焜强　周淑均　许　锐
李　玮　邓一玮　彭　晖　张忠良　黄　兵　张　磊
李　冬　刘　阳　邱国庆　李晨宇　周建宇　杨振国
黄科锋　谢东升　吴雪峰　贾元迪　王　宁　武剑伟
撖书培

序 一

PREFACE

习近平总书记多次强调，必须树立“全生命周期管理”的理念，以推动城市治理体系及其治理能力现代化。这充分体现了，在建筑领域，我们不仅要关注项目的规划与建设阶段，还应运用精细化和智能化的管理手段，确保项目从启动到完成的每个环节都能高效运行。这一国家政策为建筑行业的未来发展指出了明确的方向，特别是在智慧城市和绿色建筑领域，它极大地推动了技术创新的快速发展。

在促进智慧城市与数字化转型的背景下，中国建筑业在技术创新与模式优化领域已取得显著成就。该行业已崛起为全球市场中的一支重要力量。随着城市化进程的加快，中国建筑业不仅需应对迅猛增长的需求，还须满足高质量发展的时代要求。上海建科集团股份有限公司（简称上海建科）积极回应国家的号召，研发了碳排放智慧监管平台，利用技术创新促进了绿色建筑的进步。这与我们长期倡导的“全生命周期管理”理念不谋而合，不仅提高了建筑效率，还为可持续发展提供了坚实的支持。

作为建筑行业的翘楚，上海建科始终秉持国家的发展战略，积极落实创新驱动与绿色发展的理念。在区域综合开发与施工管理领域，上海建科通过实施“区域总控管理模式”，为众多规模庞大且结构复杂的项目提供了高效智能化的管理手段与解决方案。正如本书所详述，总控模式通过科学的统筹、精细的管理以及智慧的建造，确保了项目的高质量、高标准与严管控的推进，这亦彰显了我们对“全生命周期管理”理念的深入实践。

上海建科所取得的成就，不仅源自对国家政策的积极响应，还得益于其持续的技术革新和精细化创新。从世博文化公园到金桥城市副中心、三林楔形绿地，再到临港金融湾以及金谷首开区，集团实施的“1+1+N+X”总控服务模式显著提升了项目的运营效率，并在项目的全生命周期管理中发挥了至关重要的作用。这些项目不仅展示了集团的技术实力，还通过运用信息化和智能化技术手段，实现了工程全生命周期的管理与优化，充分体现了建筑行业的数字化转型趋势。集团不仅是建筑的创造者，更是推动城市智慧运营和助力实现数字化转型的中坚力量。

本书的发行恰逢中国建筑业变革与升级的紧要关头。凭借持续的技术革新与精进，我们期待能为整个行业的繁荣发展持续贡献动力。我坚信，此书不仅是我们团队智慧与经验的集中展现，也将为整个行业提供宝贵的指引与参考，助力行业在转型升级的征途上更加从容地把握机遇、应对挑战。

上海建科集团股份有限公司党委书记、董事长

2024 年 6 月

序二

PREFACE

2020年，习近平总书记在浦东开发开放30周年庆祝大会上强调“要把全生命周期管理理念贯穿城市规划、建设、管理全过程各环节”。区域整体开发项目类型复杂，规模体量大，开发周期长，不确定因素多，更需要贯彻全生命周期管理理念。2021年6月，上海市委副书记、市长龚正在调研时也指出：“区域整体开发有利于提升城市功能，要统一规划理念，规范技术标准，优化整体品质，用好这块不可多得的宝地。”可见，在高质量推进城镇化建设的要求下，区域整体开发是大势所趋。

相较于传统的宗地开发模式而言，区域整体开发是以片区功能整体优化和片区价值整体提升为导向，协同多个主体实现共同开发，具有规模大、主体多、子项多、功能业态集聚复合、公共空间互通串联、配套设施共建共享等特点。

做好区域整体开发，避免碎片化，需要各专业领域共同参与全过程统筹，区域总控是系统化解决之道。以征收总控、规划设计总控、投资总控、施工总控、运营总控“五大总控”统领区域开发全生命周期，将有助于提升区域土地品质和城市公共资源利用效率；提升城市精细化管理，推动城市更新和转型发展。

随着区域整体开发的不断深入，区域总控机制尚需进一步完善。一方面，整合各专业化单位的区域总控平台需进一步搭建与完善，拥有共同管理理念的各专业化单位可在此平台基础之上开展战略性合作、整合技术力量、信息共享与业务联动，充分发挥“区域整体开发合作联盟”的团体力量，共同促进区域整体功能优化和品质提升，加强统筹协调，共同下好“一盘棋”。另一方面，区域总控成员自身需打破传统宗地开发项目管理思维，加速转型，在组织架构、专业配置、考核机制等全面突破和创新，以区域总控领军人才为依托，加速构建具备专业能力、沟通协调能力、统筹能力的总控团队。

上海建科作为建筑科技龙头企业，始终在行业创新、转型发展中不断探索。2013年，上海地产（集团）有限公司提出城市更新战略，区域整体开发成为企业主赛道。这期间，我们和上海建科等单位一起组建了区域整体开发联盟，从世博文化公园到三林楔形绿地项目，一起不断探索和实践。短短几年间，上海建科在区域整体开发施工阶段集群总控方面的实践效果显著。通过大量案例实践，上海建科不断打磨提炼，逐步形成了“1+1+N+X”的总控服务模式，以全要素资源统筹协调为核心，衔接不同主体界面和关键节点施工管理，从计划管理、界面管理、信息管理等多个维度进行全方位项目策划与管理。同时，总控团队整合内外部专家资源，以第三方巡查、专项技术咨询等服务，为业主提供过程监督、决策支撑，不断在区域整体开发中发挥着重要作用。本书阐述了总控团队在区域整体开发实践中总结出的成功模式、方法，书中列举的总控案例是总控团队近五年来不断实践与探索的结晶。

城市更新是城市发展的永恒主题。相信上海建科总控团队会继续探索，着眼城市未来有机更新，不断丰富总控内涵，紧跟数字化与人工智能时代步伐，不断开创总控新模式，以最新的科技创新成果助力高效化总控管理，持续为区域整体开发总控管理赋能。

上海地产（集团）有限公司党委副书记、总裁

2024 年 6 月

序 三

PREFACE

习近平总书记2019年11月在上海考察时，首次提出“人民城市人民建，人民城市为人民”的重要理念。2022年10月，“坚持人民城市人民建、人民城市为人民，提高城市规划、建设、治理水平”写入党的二十大报告，成为新时代中国城市工作的指导思想。城市的基石在于其居民，以人民为中心，致力于使市民在城市中享有更为便捷、舒适与幸福的生活环境，是城市发展与治理的首要任务与根本遵循。

在我国持续推进城市化进程和创新城市建设模式的历程中，我们曾经历了一段以城市规模扩张为主导而忽视内涵提升，重视单一项目建设而轻视区域整体规划的发展阶段。因此，实现城市的精细化管理与高质量发展，首要之务在于严格遵循城市发展规律，科学合理地规划城市空间布局，强化城市空间的系统性与协同性。早在2011年，上海建科的项目团队就已开始对区域整体开发的总控工作进行深入研究和实践。在城市空间经历从单一中心模式向多中心甚至网格化模式的转变的背景下，针对区域项目集群建设过程中出现的时序难以把控、环境复杂多变、建设模式多样化以及施工协调困难等挑战，作者深度融合了既往片区开发项目群的实践积淀与当前在建项目群的实际情况，紧密围绕建设时序这一核心脉络，以施工关键技术为着力点，以先进技术为引领，凸显实践指导性、管控严密性和操作规范性。本书集理论与实践于一体，全面覆盖了区域整体开发施工阶段的建设时序和专题研究，能够满足在区域整体开发施工过程中对相关技术和管理知识的需求，有利于专业工程师更快捷、更深刻地掌握相关技术的核心原理，帮助其更高效地完成施工建设任务。本书不仅是一份具有实用价值的技术参考资料，更是一本不可或缺的权威工具书。

随着互联网、大数据、人工智能等先进技术的不断发展，将对城市建设和建筑施工领域带来深刻且长远的渗透与影响。数字化转型的浪潮，为企业转型升级开辟了新的航道，也提出了新的课题与考验。上海建科正积极从产业数字化与数字产业化的双重视角出发，进行深入探索与实践，致力于打造一个全面覆盖、高效协同的区域整体开发施工总控体系，助力城市建设的高质量发展。让每一座城市散发出更加耀眼的光辉，成为人民安居乐业的幸福居所，这既是我们追求的目标，也是我们肩负的历史责任。我们将为此持续努力、不懈追求，贡献出上海建科的智慧与力量。

上海建科集团股份有限公司党委副书记、总裁

2024 年 6 月

序 四

PREFACE

上海 2035 规划的目标是建设成为卓越的全球城市、具有世界影响力的社会主义现代化国际大都市，并一直积极践行着“人民城市人民建，人民城市为人民”重要理念，着力强化城市功能，以区域更新为重点，分层、分类、分区域、系统化推进城市更新，更好推动城市现代化建设。

1990 年 4 月，经国务院批准，浦东开发开放，区域开发概念自此提出。金桥出口加工区作为国内第一个以“出口加工区”冠名的国家级开发区诞生。从 1990 年建立开始到 2020 年三十年的时间里，金桥以占浦东新区 1/50 的土地，贡献了浦东新区 1/4 和上海 1/15 的工业经济规模。显然，城市已经进入片区竞争时代。近年，金桥集团秉持“地上一座城、地下一座城、云端一座城”的建城理念，打造了七大城市综合开发项目，被统称为“七朵金花”，即金鼎、金滩、金湾、金环、金谷、金港和金城。片区开发并非“单打独斗”，而是“合纵连横”，必须把开发与规划的战略思考作为第一位来抓。金桥有着“一张蓝图绘到底”的理性与坚持，开发过程中，始终坚持推行统一规划、统一设计、统一建设和统一管理的“四个统一”开发机制。金桥的愿景是打造一个功能互补、多元化发展的新区，从智能制造出发，走向创新的世界舞台。

然而，随着片区开发项目的全面启动，金桥同样面临着地块拆迁推进慢、整体建设时序策划难、相邻项目界面影响多、集群开发项目交通组织困难等诸多挑战。因此，上海建科为上海金桥（集团）有限公司综合开发项目量身定制了施工总控服务，并选派了一支优秀的服务团队驻场，充分发挥建科人成熟丰富的管理经验，以专业科学的工作技能，统筹片区项目建设，及时准确发现问题关键，合理有效提出解决方案，促使项目建设稳而有序的正向发展。

《区域整体开发施工阶段项目集群总控》通过分析传统单项目建设管理现状，多维度精准识别区域集群开发项目的难点、痛点，结合多个项目实践经验总结了一套总控管理体系、管理方法。授人以鱼不如授人以渔，本书的读者不仅能从书中了解区域整体开发的重要性，总控管理的理念和内容，更重要的是学会如何做总控，变被动为主动，提前发现和解决问题，为业主出谋划策，为区域整体开发贡献力量。

习近平总书记指出，“城市管理应该像绣花一样精细”，通过绣花般的细心、耐心、巧心提高精细化水平，久久为功，我们的城市定将更美丽，生活定将更美好。

沈健

上海金桥（集团）有限公司党委书记、董事长

2024 年 6 月

序五

PREFACE

在当今时代，区域整体开发的重要性日益凸显。区域整体开发并非简单的项目叠加，而是对特定区域进行系统规划与全面建设。它能实现资源的高效整合，避免重复建设与浪费。通过统一布局，促进产业协同发展，形成强大的产业集群效应。同时，提升城市功能与品质，为居民打造宜居宜业的环境。区域整体开发是推动经济增长、提升区域竞争力的关键举措，为城市的可持续发展注入强大动力，区域整体开发已成为推动经济增长、提升城市品质、改善民生福祉的重要举措。然而区域整体开发建设是复杂的，它涉及众多项目的协同推进，涉及多个环节的顺畅搭接，其困难性和挑战性不言而喻，而《区域整体开发施工阶段项目集群总控》一书的出现，无疑为从事相关领域的专业人士提供了一本极具价值的参考书籍。

施工阶段是区域整体开发中让目标、愿景、规划顺利落地的核心阶段，在此阶段，如何有效地进行项目集群总控，实现资源的优化配置、进度的合理安排、质量的严格把控以及风险的有效管理，是摆在每一位建设者面前的重大难题。长久以来，“总控”一词更多地体现在项目管理的理论层面，在如何实际应用到具体项目上，以及如何根据不同项目对总控内容做出调整的实操层面内容是较少的，本书以上海建科其深厚的专业素养和丰富的实践经验，对这一难题进行了深入系统的研究和阐述。

本书首先对区域整体开发的背景和意义进行了全面的分析，详细介绍了施工阶段项目集群总控的目标、原则和方法，为实际操作提供了明确的指导。此外，本书还结合实际案例，对施工阶段项目集群总控的具体应用进行了深入剖析，使读者能够更加直观地了解和掌握相关知识和技能。这些案例不仅具有很强的针对性和实用性，而且为未来区域整体开发项目的总控管理提供了宝贵的经验借鉴。

时代永远在发展，相应的开发模式、管理方法、理论策略、操作手段也需要不断的迭代更新，《区域整体开发施工阶段项目集群总控》这本书的出版，为我们提供了系统的理论知识和实践经验，对于推动区域整体开发的施工总控管理具有重要的指导价值。相信这本书将成为广大工程建设者、管理者和研究者的重要参考书籍，为我国的区域发展和城市建设做出积极贡献。

上海临港新片区经济发展有限公司党委书记、董事长

2024 年 6 月

前言

FOREWORD

近年来，上海市坚持世界眼光、国际标准、中国特色、高点定位，聚焦“五个中心”建设主攻方向，坚持城市总规“一张蓝图”绘到底干到底，立足区域发展，不断优化城市空间和功能布局，全面践行人民城市重要理念。根据《上海市城市总体规划（2017—2035年）》，上海市将构建由“主城区—新城—新市镇—乡村”组成的城乡体系和“一主、两轴、四翼；多廊、多核、多圈”的空间结构，以优化上海市空间格局。

城市副中心建设与城市更新行动助力城市建设高质量发展，区域整体开发建设如火如荼，项目集群总控即是在此趋势下应运而生，是一种与时俱进的创新管理模式，跳脱出固有的单一地块管理思维，统筹区域整体开发建设施工管理，合理调配、利用区域内的资源，以一种宏观视角，延长传统项目管理服务链，是对单一地块的延伸管控，为区域开发决策提供强有力的技术支撑。

上海建科提出施工阶段项目集群总控的概念，即施工总控，是从世博文化公园项目中开始，到后来临港金融湾项目、三林楔形绿地项目、金桥城市副中心项目的进一步完善实践，五年时间里，施工总控团队不断探索创新：在世博文化公园项目上提出了“总控咨询＋第三方巡查＋科研管理”的服务模式，为园区项目在交通组织、场地借用、出入口协调等方面提供了专业咨询建议，施工总控模式首次尝试便获得较大的成功；后续在临港金融湾项目上提出“1+4”的矩阵式管理模式、在三林楔形绿地项目提出了“一条主线＋统一策划＋N项管控措施”的管理模式、在金桥城市副中心项目上提出了“1+1+3+5+N”的总控管理模式，在实践中探索，逐步形成了“1+1+N+X”的总控服务模式，秉持统一策划、统一管理的思想，逐步完善了总控管理制度，从建设时序、界面管理、第三方巡查等多个维度进行全方位项目策划与管理，充分发挥成熟的管理经验，以专业科学的工作技能，及时准确发现问题关键，合理有效提出解决方案；同时依托总控平台后台专家，为区域整体开发过程中的疑难杂症综合分析研判，并提出建设性意见，从各个方面为片区开发保驾护航，不断在区域整体开发中发挥着重要作用。

面对未来区域整体开发的复杂性与矛盾性，上海建科总控团队仍需持续提升，依靠专业思维与整体统筹意识，不断创新总控管理模式，逐步实现区域整体开发的精细化与动态管控，逐步实现区域整体开发施工总控集成化管理的升级转型，进一步提升区域整体开发项目建设管理效能，进而推动工程建设领域施工管理的高质量发展。

本书整合了上海建科总控团队参与的多个区域整体项目的总控管理经验，并进行积极的思考和探索，书写过程中得到了各项目合作单位、上海建科及公司领导、同事们的悉心指导和大力帮助，在此一并表示衷心的感谢。在本书的写作过程中还参考了许多专家学者的论著，并在参考文献中列出，在此向他们表示深深的感谢。

2024 年 6 月

目录 CONTENTS

第一篇　背景篇 / 1

第二篇　内容篇 / 21

« –第一篇– »

背·景·篇

1 区域整体开发的背景

1.1 区域整体开发国际背景研究

1.1.1 国外城市区域整体开发演变

在20世纪50年代战后复兴以及经济高速发展的大背景下，世界各国在不断摸索新的城市建设模式，城市的持续发展成为各国学者研究的重点。政府和城市规划者开始通过以城市区域为单元的空间结构协调规划来解决城市内部的社会问题、环境问题和经济发展等问题，城市空间也开始从单中心转向多中心甚至网格化的发展状态，呈现出一种集中与分散并存的趋势。

城市空间结构演变的过程往往和人口、产业等因素的郊区化和中心城区的形成息息相关。20世纪60年代以来，不仅居民分布从中心城市逐步向周边城镇和郊区转移，而且产业和工作机会也逐步向郊区转移，主要的通勤线路也开始与郊区连接，城市不同区域也形成了明显的社会空间分异。在这个过程中，大城市郊区出现了巨型区域购物中心，这些购物中心集购物、休闲、娱乐于一体，为城市居民提供了更加丰富的消费体验，带来城市景观空间结构的新变化。同时，购物中心也带动了周边土地的增值，促进了城市经济发展，城市单中心开始向多中心转变。单中心的城市发展面临中心区环境问题、社会问题、就业问题等，造成城市空间组织混乱、交通拥堵、环境恶化等问题，而多中心的城市空间结构则更具优势，多中心有利于分散居住，有效减少交通拥堵和通勤时间，通过更加科学的区域规划形成合理的城市功能分区。

以下对世界主要范围内的城市空间策略进行研究。

1. 欧洲

欧洲国家大多采用“总体均衡分布，局部适当集中”的原则来规划城市发展，例如莫斯科采用城市多级集聚区的规划，荷兰采用分散化的集中型城市发展模式，在这种原则的指导下，欧洲国家的城市发展呈现出多元化的趋势，既包括了以巴黎、伦敦等超大城市为中心的“单核”发展模式，也包括了以柏林等新兴城市为引领的“多核”发展模式。这些城市发展模式既相互竞争，又相互促进，形成了欧洲城市化的独特景观。

近年来，欧洲国家正逐渐深化对区域规划体系的认知，通过优化城市区域空间来实现整体规划与管理的目标。在这一过程中，城市与区域之间、区域与区域之间的结构性、战略性规划备受关注。这包括城市各级中心、次中心的规划布局，产业在大都市区内部地域空间的合理配置，基础设施网络的空间布局，以及环境整治和规划等关键领域。这些方面的研究与实践，不断推动欧洲城市的可持续发展。

欧洲国家在规划城市区域空间结构时，通常采取两种精妙规划策略：一是通过利用需求的多样性质调控土地（如居住、工业和基础设施等）来有效控制城市蔓延，从而塑造出理想的城市区域空间；二是精心规划绿带和区域公园，以保护珍贵的开敞空间。这一规划理念不仅强化了区域开敞空间的保护力度，也在无形中推动了区域经济的蓬勃发展，几乎成为欧洲各大都市区解决空间保护与利用之间冲突的不二之选。

2. 北美

北美城市区域整体规划以美国、加拿大的典型城市如纽约、底特律、芝加哥、温哥华等为代表，例如芝加哥规划就考虑到交通和开敞空间等区域规划的内容，而纽约先后对城市进行了 3 次区域规划：第一次规划的主题是“再中心化”，重点是中心城市的发展；第二次规划是针对城市蔓延，将规划的重点放在建立周围的新城市中心，通过人口的再集聚，阻止都市区爆炸性发展；编制第三次规划时，规划的基本目标是重建经济、环境和公平，提高城市与区域的生活质量，以促进城市的可持续发展。美国对于强核心的城市，通常通过规划新的次级中心，促进“单核心”向“多核心”转变，以平衡城市内部的社会、经济空间结构。相对于欧洲的大都市区来说，美国走的是一条郊区蔓延式的道路，以公共交通为导向的发展单元作为美国大都市地区新的发展模式，其应用包括区域规划、车站地区规划、新邻里规划和新城规划四种类型，试图从区域的层面上来协调大都市区的内城、郊区和自然环境三个部分之间的整体发展。

3. 亚洲

亚洲城市在区域规划中汲取了西方城市规划理念的精髓，以控制大城市的爆炸性增长。东京在 1939 年颁布了《公园和开敞空间总体规划》，覆盖了东京地区大约 9600 平方公里的广阔地域，涵盖了城市公园、中心城市风景美化区以及远郊的国家公园和自然保护区。这一规划在日本历史上具有举足轻重的地位，成为最具影响力的城市区域规划之一。除了规划绿带和新城之外，在 1976 年日本的第三次首都圈规划中提出了建立区域复合多中心城市的理念。这一理念的推进，逐步形成了“多心多核”的新型城市圈结构。1988 年日本进一步深化了这一构想，将整个大都市区细分为既成市街道、近郊整备地带（含近郊绿地）和都市开发区域三大部分。韩国政府为了遏制城市用地的无序扩张，引进了开发限制区域制度。1971年，在汉城建立了第一条绿化带，该绿化带位于半径为15km的范围内，有效地限制了都市区边缘农田和森林的转化。1989年至今，韩国在汉城大都市区规划建设了5座新城，以解决汉城中心城市高度集中的职能和人口问题。这些新城均位于1小时通勤圈内，为缓解汉城CBD的拥挤状况发挥了积极作用。自20世纪90年代以来，韩国所制定的政策和法规均侧重于支持汉城大都市区外围地区的发展。这一举措对于平衡汉城大都市区的空间结构起到了积极的推动作用。

1.1.2 国外城市区域整体开发案例

1. 新加坡纬壹科技城

纬壹科技城，位于新加坡西南的女王镇，占地面积200公顷，是一个大型新经济项目。自2000年起，新加坡政府投入150亿新元进行科技城的发展。该科技城位于新加坡科技走廊的中心地带，交通便利，与新加坡国立大学、新加坡科学园、新加坡国立大学医院等基础服务设施相邻。纬壹科技城是一个集产业发展、住宅、商业中心、高等学府、研究机构、休闲体育设施等于一体的创新创业高地，同时预留远期拓展区。

在纬壹科技城的建设过程中，新加坡政府擘画了园区的发展蓝图，并任命裕廊集团负责科技城规划、开发、市场推广与管理。他们推动了园区整体规划、项目启动建设及各产业组团的建设。同时，他们在园区开发过程中，积极引入私人开发商参与各产业组团的分阶段开发和配套设施的建设。在私人机构参与建设的过程中，裕廊集团首先划定了地块的规划使用目标，并据此科学制定了不同类型用地、不同功能组团的容积率，并在建设中严格执行。最后，他们将不同目标的地块面向社会进行招标。这样，科技城的开发与建设得以顺利进行。

为了确保各产业园区内行业的高度竞争与活力，激发科学创造力，政府不断引入居住、商业、娱乐等项目，同时引进国际化企业、大型研究机构等。为了营造活跃的园区氛围，纬壹科技城考虑园区内生活、工作、学习、休闲等需求，一方面配套满足基本生活与生产的服务设施，另一方面提供艺术画廊、餐厅、酒吧和咖啡馆等服务，创造出一个充满活力的文化氛围，同时为信息通信、媒体等创意型企业提供孵化服务。目前科技城的开发建设已步入功能完善期。产业结构方面，生命医药、信息通信、资讯传媒是三大核心产业，同时产业结构向生命医药、信息通信、资讯传媒融合发展调整；在配套设施完善方面，开放式商业街、主题度假村、音乐剧院、大型购物中心等不断建设完成投入使用。此外，纬壹科技城还拥有一个16公顷的多功能开放空间，具有 Wi-Fi 无线宽带网络全覆盖、流水幕墙景观、无花果森林、农作物绿地等特色，成为园区人员交流与休憩的重要场所。

在科技城的开发建设中，新加坡政府全程参与，通过内阁任命新加坡贸工部下设的裕廊集团为园区开发商，同时制定目标、遴选并任命开发商。按照分期分区开发策略，裕廊集团联合各开发商对科技城进行不同项目群的开发建设。

从 2002 年开始到 2014 年的第一个开发阶段，科技城的开发集中于基础设施分区建设和机构导入。2002 年，生物医药中心启奥城项目群开工建设，随后信息通讯中心启汇城项目群在 2003 年动工建设，此后逐步形成了以启奥城为主体的生物医药区、以启汇城为中心的信息通讯区，商务核心区和生态居住区随后也破土动工。在硬件设施逐渐完善的同时，政府也注重软环境的培育，有选择地引进国际化企业、大型研究机构以确保各产业园区内的高度竞争与活力，并不断引入配套项目丰富园区生活。

2015 年后，科技城进入第二个开发阶段，园区拓展了新的项目集群，大力推进多媒体工业区的项目群建设，并将此前预留土地的开发提上日程，建设了起步谷并设立了众多孵化器。此外，科技城在建设中进一步完善公共空间，如建设打造中央绿地纬壹公园。

在建设过程中，裕廊集团定期了解园区内企业客户需求，及时调整相关政策服务与行业标准，优化项目群内部基础设施，创造具备对应功能的专题项目群（图 1-1）。

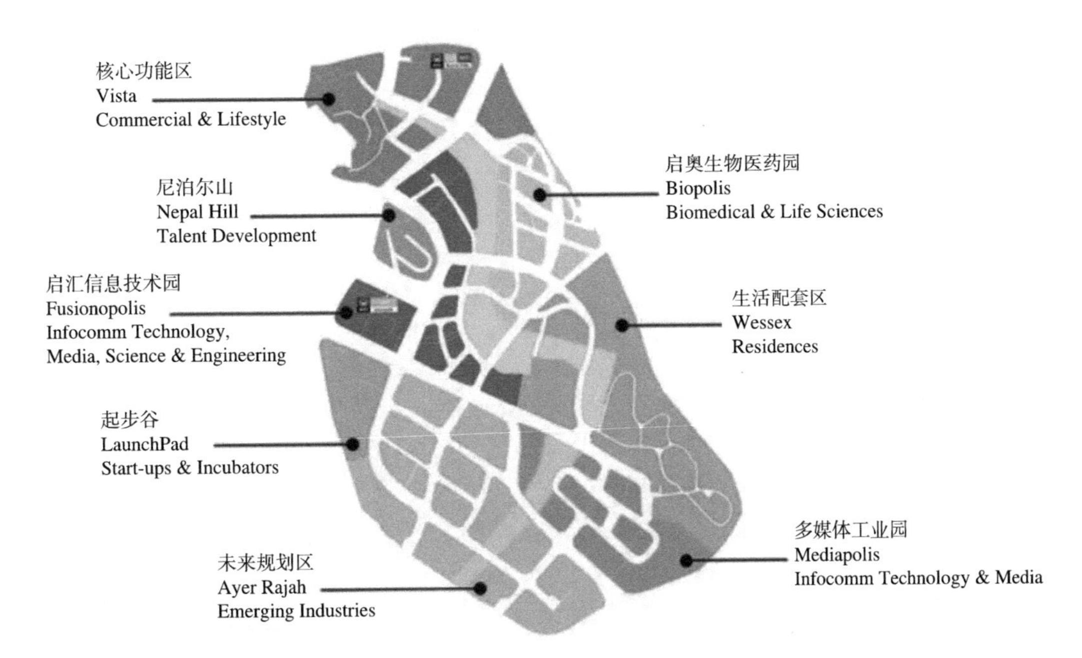

图 1-1　纬壹科技城功能分区图

2. 东京临海城市副中心

20世纪70年代以来,由于日本东京在长期的发展中面临城市中心过度饱和的问题,东京都政府颁布了长期发展计划，提出了东京多中心城市结构的规划，临海副中心便是其中7个副中心之一。

临海城市副中心规划用地面积为448公顷，代表了日本当时城市建设的最高标准。作为东京第7个副中心，是东京拓展中心城区功能、夺取信息相关产业优势和地位的空间增长点，更是东京都心对接临空临海都市轴的战略节点，其在区域层面的重要意义已经明显高于其他6个副中心。

回顾临海城市副中心的发展，20世纪80年代的填海工程决定了它的整体框架，20世纪90年代在政府的推动下完成的大部分的综合管廊和骨干路网、两条轨道交通线路及多处重点项目，为其后续发展提供了重要基础。其次，规划在用地处置开发等方面预留了调整空间。在基础设施层面，交通基础设施、市政基础设施和防波堤通过多层、立体化的布局方式整合。在公共空间层面，标志景观长廊位于建筑用地的核心，成为整个临海城市副中心的景观中轴和步行中轴。政府持续强化其在综合交通和滨水环境方面的优势，通过交通基础设施和“海上公园”建设，既协同重点项目对开发进行引导，又将临海城市副中心连接为一个整体，构建匹配东京全球城市地位的城市功能区。临海城市副中心内部的交通体系和公园体系联动大型重点项目，支撑举办国际重大事件，在整合临海城市副中心的功能后共同承担东京全球城市职能（图1-2）。

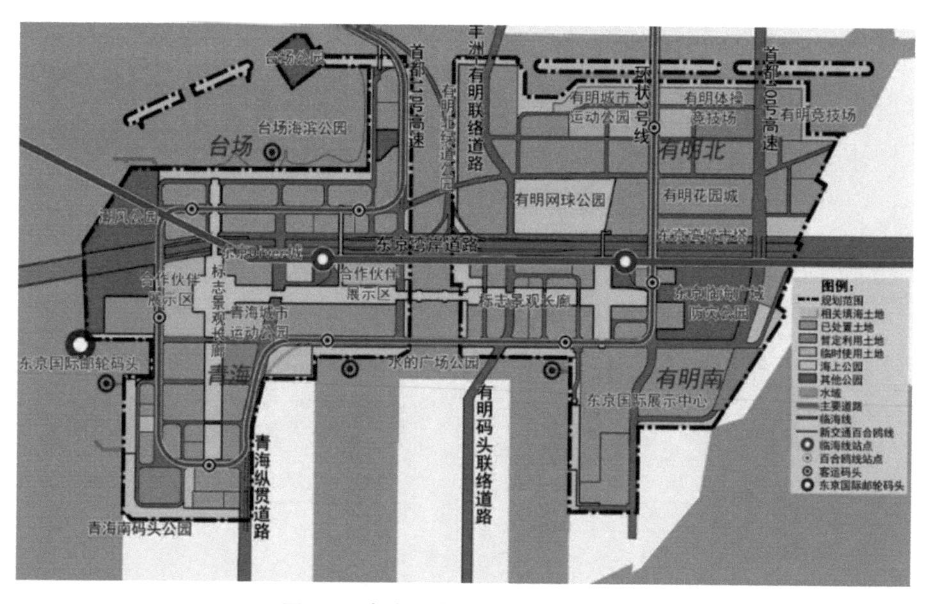

图1-2 东京临海副都心建设示意图

1.2　区域整体开发国内背景研究

1.2.1　国内城市区域整体开发背景

改革开放以来，我国快速发展，城市化进程不断推进，国际竞争力不断提升。党的十九届五中全会提出“坚持实施区域重大战略、区域协调发展战略、主体功能区战略，健全区域协调发展体制机制，完善新型城镇化战略，构建高质量发展的国土空间布局和支撑体系”。健全区域协调发展机制体制，完善新型城镇化战略，构建高质量发展的国土空间布局和支撑体系，是我国实现高质量发展的重大战略部署，加快推动区域协调发展已经成为城市群、都市圈建设的必然选择。因此，城市群作为区域一体化发展的主要载体和重要形式在区域经济协同发展中起到支撑作用。协调区域整体开发，缩小区域间差距，加快周边城市的增长质量，提升城市群辐射带动功能，已成为促进区域经济发展首要任务。

在城市群协调发展的大背景下，要聚焦城市内部发展均衡性与高质量发展，立足城市实际情况，在城市规划中强调完善公共服务供给，提升产业空间承载能力，搭建科学合理的城市区域结构，以城市区域整体开发为牵引，打造形成功能完整、结构合理的片区单元，以点带面突出区域核心功能，促进城市区域间错位发展，形成多中心的功能结构，加强城市区域间的功能交流，促进城市区域融合发展。

1.2.2　国内城市区域整体开发目标

城市区域开发是为了在城市化进程中促进区域协调整体开发，那么就必须解决城市化进程中产生的经济发展、社会发展、生态环境发展三大问题。首先，中心城区的资源稀缺性限制其发展，而郊区等边缘地带又缺乏相应的产业，因此需要通过区域整体开发实现产业孵化，促进经济发展。其次，我国城市化过程中产生了一系列的社会问题，例如城乡人口失衡、城市交通拥堵、医疗教育等基础配备跟不上等，需要通过区域开发疏散人口、缓解中心城区压力、完善公共基础设施等。同时，需要通过区域开发建设环境友好型的城市空间结构，统筹资源的合理开发利用，提升资源利用率，减少污染物排放。基于此，国内的城市区域整体开发致力于达到以下目标。

（1）打造城市新增长极。找准片区功能突破口，突出城市新区域的战略支撑，打造城市高质量发展的新引擎，打造具有国际竞争力影响力的核心功能集聚地。

（2）交通便利。新片区往往定位城市副中心，与城市其他区域往来密切，自身内部交通流线需要规划合理，使得内部各不同功能建筑有机结合，同时与城市其他区域也要形成便利的交通网络，打破单片区域的发展模式，强调区域协调联动发展。

（3）功能复合。新片区除了自身的功能特色之外，要为当地的居民和企业等提供完整的配套体系，让居民能够在片区内实现工作、教育、医疗等正常活动，切实缓解中心城区配套资源压力，推动城市均衡发展。

（4）合理规划土地资源。新片区整体开发的规划是一项系统性工程，与中心城市零星的城市更新活动不同，涉及大量的土地资源规划，切勿沿用过去“摊大饼”式的扩张方式，要吸取过去在土地开发过程中的经验教训，结合需要建设的建筑业态实际情况，科学适配资源要素的优化组合，提升土地资源利用率。

（5）区域建筑整体协调。建筑风格总体协调，与外部环境统一，建筑体之间均通过空中、地下和地面形成多层次的联系，形成连续的空间体系。

1.2.3 国内城市区域整体开发案例

1. 南京麒麟科技创新园

南京麒麟科技创新园项目实际开发面积 46.15km^2，定位为智慧型、生态型、宜居型园区，以建设“国际化创新园区，国际性生活社区”为发展目标，以“创新企业的孵化基地、创新人才的培养基地、创新技术的研发高地”为功能定位，目标建设成为长三角地区的战略性新兴产业发展基地、江苏南部自主创新示范区的样板区、南京科技创新中心、省级高新技术产业开发区，同时积极争创成为国家级高新技术产业开发区。

园区内项目众多，项目类型涉及房建、市政、有轨电车、园林、国土整治以及市政管养、绿化管养等，项目进度与体量大小不一（图 1-3）。同时各类项目交叉影响，存在大量设计变更，另外在项目总控服务团队进场初期，原投标阶段项目负责人因故无法到位，为应对这些难点，项目采用了总控模式，组建了具备综合专业和丰富经验的总控团队，并开展了以下工作。

（1）梳理管委会、总控、代建管理三方的界面，明确三方的权、责、利以及工作界面，建立以管委会为决策核心、以总控为管理策划及监管评价、以代建管理为执行的建设管理模式。

（2）加强建章立制工作，以总控团队为主，建立并不断完善包括管理的制度、体系、手段和方法等，例如园区工程建设管理办法、代建单位管理办法、考核评价办法、工程建设管理工程流程等工作机制。

（3）根据园区内的项目类型分类，连续不间断地编制相应的周报、月报、季度报告，以及进度月报与季度建设问题专项分析报告，并在每季度、半年、年终对园区整体建设情况进行总结。

（4）制定了三级监管评价体系对园区内各项目进行统一考核：以代建单位对所管理项目及其参建单位的周考核；以总控单位对园区所有项目所有参建单位的月考核并进行月度排名；以园区管委会对园区所有项目所有参建单位的季考核并进行季度排名。

（5）开发麒麟科创园工程现场管理 APP 软件，监督、检查工程现场中存在问题以及整改情况，极大提高了问题整改的效率和整改效果，也提高了工程现场管理的信息化水平。

在项目总控管理过程中，总控团队通过优化园区组织结构、梳理建设管理流程、制定管理制度、加强进度管控、督察施工质量与安全文明施工等工作，形成了管理层级清楚、管理界面明晰、管理流程通畅的管理效果，实现了建设进度达到预期、工程质量与施工安全得到有效控制的建设管理目标。

图 1-3 南京麒麟科技创新园建设示意图

2. 上海虹桥商务区开发建设项目

上海虹桥商务区开发建设是上海“十二五”发展规划的重点项目，依托虹桥综合交通枢纽体系，将形成以现代服务业为主的产业结构，有力地推进上海“四个中心”建设，加快与长三角区域一体化发展（图 1-4）。

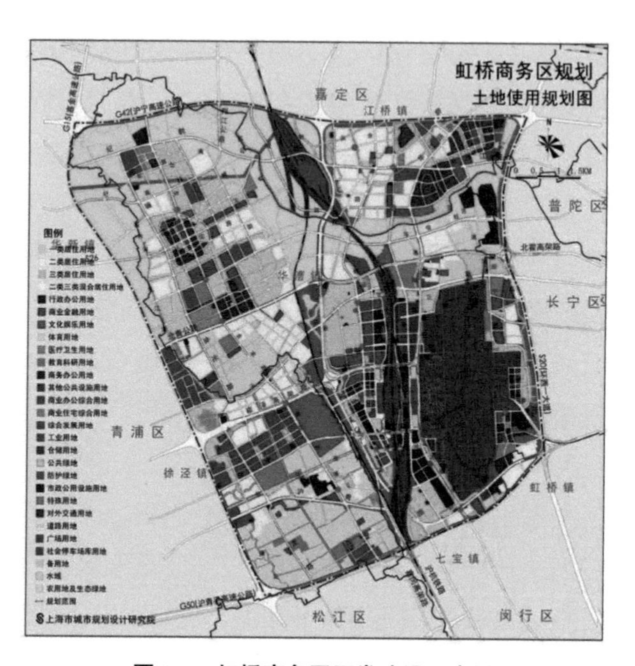

图 1-4　虹桥商务区开发建设示意图

该项目内部的工程类型复杂、建设任务重、系统性强，其中最大难点在于进度管理。首先其既有政府性投资项目，又有社会性投资项目，因此实施主体众多，与此同时进度信息分散在各个单位，没有统一的指挥单位能够整合这些进度信息并进行整体把控，因此如何把握进度控制的控制点和切入点十分重要。特别是对于社会性投资项目，既要尊重市场规律，又要确保这些项目的进度得到有效的控制，难度非常大。

在引入项目总控模式进行管理之后，总控团队认为，对虹桥商务区开发建设项目的管控应综合考虑区域发展、工程技术及管理能力等多种因素确定工程进度目标，并将该项目的整体进度计划划分为总进度计划、阶段进度计划和各实施单位进度计划等 3 个层级，并开展了如下工作。

（1）进度计划编制。根据虹桥商务区各项目的性质，将进度计划的编制分为社会投资类型的地块项目和政府投资的基础设施及配套服务设施项目。对于社会投资类项目，由各地块开发主体根据各自土地出让合同中的要求自行编制进度计划并上报管委会，由管委会确认其与总体进度的适配性，该进度计划通过审核后，开发主体应严格执行该计划。对于政府投资基础设施及公共配套服务设施项目，应确保其进度的刚性，实现与各地块项目的对接。

（2）进度计划跟踪与数据收集。总控团队在收集各项目的进度计划后，建立统一的进度信息结构体系。在项目的实施过程中，总控团队定期对各项目的进度计划进行跟踪检查，包括定期收集更加细化的进度信息，并将实际情况与进度信息进行比较分析，若存在偏差，应监督施工单位纠偏手段的制定并跟踪其落地情况，对于偏差较大最终会影响项目进度计划的关键性节点，甚至影响项目整体进展的关键问题，要及时汇报管委会考虑适当调整进度计划。

（3）工程进度报告编制。工程进度报告是工程进度管理的重要工具，其作用在于把正确的、有价值的信息及时提供给指挥部。报告类型主要有：①定期报告，包括周报、月报和年报等；②进度管理专题报告，分析影响工程进度的因素，并提出相应的对策建议；③与进度管理相关的投资管理、合同管理等其他管理方面的专题报告；④其他相关计划与报告。

在虹桥商务区开发建设项目中，运用项目总控理论指导项目进度的跟踪与控制，保证工期目标的实现，避免无序性、盲目性，有利于经济利益与社会利益的统一。

3. 上海新虹桥国际医学中心项目

上海新虹桥国际医学中心规划总面积约 100 万 m^2，具体建设内容包括一家医技中心、一家综合医院、两家国际医院、五家特色专科医院、大市政规划道路、园区小市政道路及其办公商业配套等内容。

该项目的开发建设工作由政府成立的推进小组办公室来负责，由于工作推进小组办公室成员均为医疗背景出身，与传统的工程指挥部有所不同，在工程建设领域缺乏经验，在工程建设管理阶段需要具有丰富工程经验的专业技术顾问团队，于是引入了总控模式。

在该项目中，总控团队的服务内容主要包括 12 个方面。

（1）建章立制规范管理；

（2）工程质量管理；

（3）进度计划管理；

（4）成本管理；

（5）项目层面实施管理；

（6）信息化管理；

（7）施工总平面管理；

（8）质量安全文明施工管理；

（9）招标及采购管理；

（10）合同管理；

（11）工程技术管理；

（12）设计管理。

在团队架构的设计上，总控团队采用前台项目工作人员和后台支撑专家相结合的方式提供咨询服务。一方面，前台人员在日常工作中与业主积极沟通，彼此建立了良好的信任关系，提高了项目信息的传递效率，提升了决策信息的精准度；另一方面，后台专家为项目提供了极大的支撑，不断推动项目工作开展。

在服务过程中，总控团队陆续提交项目管理手册、入园导则、管理办法、专题报告等，并协助业主建章立制（手册、流程、制度等），项目总控咨询服务工作成果体现为周报/月报、专题报告、年度白皮书等文件。

2　区域整体开发的特点

2.1　项目集群建设，建设时序难控

不同于单一的建设项目开发建设，区域整体开发项目是由相互关联的多类型、多功能的多地块组成的项目群。区域整体开发项目可能存在安置房、学校、道路交通等民生保障项目，也可能涉及河道水系整治、公园绿地等“形象”“功能”的项目，以及商业、办公等提升经济活力的项目。如何协调好上述三种类型项目的建设时序，是集群项目建设开发的一个难点，需要对相互制约的项目建设时序进行深入研究和统筹安排，尽可能降低影响，保障区域整体开发建设决策目标完成。

2.2　诸多因素影响，建设环境复杂

片区开发通常采用“统一规划、统一设计、统一建设、统一管理”的整体开发模式，各地块征地拆迁进度、地铁线路接入的不确定性、原有建筑的拆除、区域内特殊建筑的建造方案不确定、相邻基坑不能同时开挖、雨污水排放受限、施工交通组织不畅等都会影响进度，同时由于地块之间紧邻，出入口设置、堆场、交通便道、大型施工机械等也会存在相互影响。

除了地块之间的相互影响，片区开发环境同样复杂，对片区建设影响巨大，如场地内可能存在大量不明的地下管线和高压电线，场地外可能存在地铁线、住宅施工，交通导改带来的复杂交通情况等，需要建设单位提前策划，提前规避。

2.3　多家投资主体，利益重心不同

片区开发通常投资主体众多，涵盖了政府投资、企业投资、社会资本等多种投资形式。这意味着在项目筹备、实施和运营过程中，需要充分调动各类投资主体的积极性和创造力，实现投资效益的最大化。多家投资主体带来了产权界面上交叉，由于各个单位的利益点不同，容易产生矛盾。

每个投资方追求的利益和工作重心不同，直接影响工程进度。政府投资主要集中于如何在投资限额内有效协调各方力量，以加快建设进度并实现建设目标。企业投资、社会投资方则是最大化自身利益。这些不同的利益导向在一定程度上减缓了工程进度。因此区域开发项目群明确不同投资主体，即明确产权界面的划分，有助于保障各方的合法权益，确保项目投资回报的合理分配，推动区域经济的协调发展，促进项目群的顺利进行。

2.4　参建单位多元，组织协调困难

项目群建设涉及多家参建单位，如多家总包单位、多家分包单位、多家监理单位、多家代建单位等，包含的工程类合同众多，参建单位多而杂，责任、职责划分复杂，施工过程中存在施工界面、施工工序交叉、互相影响的情况，缺少统一的管理制度和标准，无法有效统一传达建设要求和建设目标，信息的流通也可能存在不对称、不准确的情况。

同时需沟通的政府职能部门复杂，包括但不限于：环保局、自规局、建管局、人防办、水务局、卫生健康委、绿容局、交警支队、安质监站、电力公司、自来水公司、排水公司、燃气公司、通信公司等。

面对如此多的建设主体和外部主体，这导致了协调工作中信息收集和传递的时效性不佳，进而引发了组织界面的矛盾，造成整个组织系统的信息短路和传递障碍。

2.5　大型区域开发，项目管理艰巨

大型区域项目建设中受众多因素影响导致整个项目管理具有相当难度，具体难点如下。

第一，计划编制难，项目群包括多个子系统，每个子系统的建设周期、技术难度、资源需求等都有很大差异。项目建设包含住宅、绿化、地下广场、道路等，具有很强的综合性。在专业方面，涵盖了土木工程、交通工程、信息工程等多个领域。同时规模大、投资多、工期长、工程量大，涉及巨大的土建、设备安装等工作量，不同专业的施工顺序和工作接口的协调增加了计划编制的难度。在设计和建设初期，需求可能会频繁变动，这使得项目计划难以确定。政府政策、技术进步或市场需求的变化都可能导致需求调整。

第二，动态管控难，大型项目的建设过程中，往往会遇到各种预料之外的情况，如设计变更、设备延迟、施工困难等，天气条件、政策法规变化、市场波动等因素都可能影响项目的施工进度，需要灵活调整原计划以适应外部变化。这就需要项目管理者能够快速响应，对项目计划进行动态调整。

第三，风险控制难，大型项目风险因素众多，如技术风险、管理风险、市场风险等，在动态管控中，需要不断识别新风险，并对现有风险进行重新评估。快速应对风险事件，采取必要的措施减轻对项目进度的影响。

综上所述，区域整体开发的特点也是区域整体开发过程中会遇到的重难点，区域整体开发项目往往都是当地重点项目，涉及各行各业，影响深远。为了保证区域整体开发项目顺利实施，国内外针对此类项目提出了一种新的项目管理模式——总控模式，通过组建具备综合专业和丰富经验的总控团队，解决项目建设过程中遇到的各种问题，从而保证项目投资收益、建设进度达到预期、工程质量与施工安全得到有效控制的建设管理目标。

3　项目集群总控的发展历程及特点

3.1　总控模式的概念起源

1. 国外发展综述

项目总控的概念起源于德国。20 世纪 90 年代，德国 GIB 工程事务所的 Peter Greiner 博士首次提出了这一概念，并在柏林机场、雅加达机场、慕尼黑机场等庞大体量的工程乃至整个德国的铁路建设中运用了这种管理模式，并取得成功。此外，Peter Greiner 博士所在团队还对总控管理模式在这些项目的运用进行了深入研究总结，得出了一些项目总控的理论。

在项目总控的发展历程中，业内普遍认为项目总控的体系由 4 类理论基础构成，包括项目管理、项目目标控制论、控制论和信息技术。Michael 认为项目总控的主要手段——对数据信息的采集、处理、分析等就是源于信息技术，项目总控则在此基础上对项目进行系统控制。Jorg Becker 认为在总控过程中，要注意将识别功能和控制功能这两项重要功能结合运用，这样可以保证项目的顺利实施，为工程的建设增值。Peter Greiner 提出了项目总控模式下组织架构的构建步骤，并详细研究了组织架构内人员具体的职责和任务，这对于项目总控模式的实践提供了极大的参考价值。Bernhard 认为项目总控的重要任务是对产生问题进行分析并提出改进方法的建议，以达到预期总控效果。Josef 认为项目总控信息需要制定相应的规则，从而使项目信息变得精简易懂，实现在管理过程中的有效信息共享。Steinle 等人提出可以运用投资分析、专家问卷、成本—效益分析、里程碑趋势分析、目标偏差分析、赢得值法等方法对总控项目进行分析。

2. 国内发展综述

我国最早采用项目总控模式进行管理的是厦门国际会展中心项目，首期工程从 1998 年 7 月到 2000 年 9 月，项目取得巨大成功。随后，其他项目也逐渐开始采用项目总控模式，例如南宁国际会展中心、广州白云机场、上海虹桥综合枢纽交通工程项目等，其中也不乏像长沙卷烟厂技术改造项目、武汉博览中心这样获得“中国建设工程鲁班奖”的项目。

总控模式在1997年由同济大学的丁士昭教授从国外引入，首次运用在厦门国际会展中心项目中，而丁教授所在的同济大学工程管理研究所在我国对于研究项目总控也处于领先位置，他们参与了国内许多采用项目总控模式的工程项目，在实践的同时不断深入研究，总结了关于总控的实施方法、组织架构、手段与管理思想等。

李永奎基于SNA建立了衡量大型工程项目组织内部结构的定量分析方法，并以上海世博工程建设组织为案例，进行了大型社会网络模型的建立和分析。研究发现，集成的社会网络模型和方法论对于构建合理的工程总控组织有重要作用，为大型工程管理提供了新的视角和方法。

王广斌等人论证了在虹桥国际机场扩建工程中实施进度总控的必要性，并建议在进度计划产生偏差时，从设计、施工、组织协调、合同、团队人员素质、自然气候这六方面入手来减少偏差的产生。

丁士昭、贾广社对于项目总控的研究更加深入和系统，在我国项目总控模式研究领域内举足轻重。贾广社教授更是在2003年负责编制了《项目总控——建设工程的新型管理模式》一书，这本书详细论述了项目总控的定义内涵、组织模式、方法论等，目前是我国工程建设总控模式中教科书级别的著作。

杨学英在分析项目总控团队的组织构建目标和实施难点后，结合现阶段监理行业在我国的发展形势，提出在项目实施阶段通过专家云资源的应用构建前后台联合的工作模式，项目总控团队构建需要在跨部门合作的基础上，在内部交易制度等机制保障下，构建云咨询的服务模式。

张军针对大中型水利工程项目建设参建单位多、信息冗杂且沟通机制落后的现状，以乐昌峡水利枢纽工程为例，介绍了如何通过完善总控组织架构来加强项目实施过程中的目标管理，通过现代信息技术进行全方位的可视化管理。

张晶晶在大型项目管理理论的基础上阐述了项目总控理论，构建了不同情况下的项目总控报告体系，并重点论述了项目合同总控报告内核的设计方法、流程和内容。随后以武汉国际博览中心的项目合同总控为例进行分析并提出建议。

3.2　施工总控的提出及发展

项目总控模式包括进度、投资和质量目标以及组织、管理、经济、技术、发包、合同和资金等的策划与控制，涉及范围较广，项目总控团队的组建对于人员素养和专业类别要求很高，由一家公司独立完成，有着诸多限制。擅长施工管理的公司可能不擅长投资等方面的控制，擅长投资控制的公司可能不擅长施工管理。以项目总控为基础，上海建科依托丰富的项目管理经验，提出偏重于施工管理的项目集群总控概念，即施工总控，帮助业主完成区域整体开发项目的实施。

上海建科首次提出施工总控的概念是在2020年世博文化公园项目，该项目具有建设主体多、工程体量大、建设周期长、建设标准高的特点，施工总控团队介入后，提出了“总控咨询＋第三方巡查＋科研管理”的服务模式，尤其在总控咨询的界面管理上，从交通组织、场地借用、出入口协调等方面为园区项目提供了专业咨询建议，使得施工总控模式在世博文化公园项目的首次尝试获得较大的成功。

同年8月，临港金融湾项目开始施工。由于该项目具有工程体量大、参建单位多、进度压力大、建设标准高、管控要求严等特点，因此建设单位引入施工总控统筹服务，上海建科施工总控统筹，团队提出了“以计划为核心，界面、安全、技术、信息为抓手”的“1+4”服务内容，配合矩阵式管理模式，通过深入现场、组织协调等方式，对项目的实施采用精细化管理。两年时间内，统筹团队通过策划梳理项目的整体关键线路，确定里程碑节点，明确关键目标，协助业主完善管理体系和规章制度，策划不同阶段场地交通组织、策划巡查评比以及为业主提供重点难点的专项技术咨询等方式，加大业主对项目建设推进的管控力度和深度，促使项目目标达成。

2021年，地产三林公司推行施工总控模式。三林楔形绿地项目是浦东新区的重要城市更新项目之一，规划建设中将绿化生态绿地占比达65%以上，致力打造成为海派风貌展示区、转型发展示范区、生态功能聚集区和集成创新样板区。三林项目具有工程体量大、施工单位多、建设周期长、进度压力大、建设标准高、工艺技术复杂等特点，也是管理的重难点。施工总控团队引入后，提出了“一条主线＋统一策划+N项管控措施”的管理模式，对三林项目建设过程中的建设时序总体统筹、场地布置策划、土方总体调配、在建项目目标执行评估等各项工作进行深入研究，制定适合三林楔形绿地的各项措施，使三林楔形绿地项目的开发建设有条不紊地推进。

金桥城市副中心项目群也在2021年复制并优化了施工总控模式。该项目群采取“四个统一”整体开发模式，即统一规划、统一设计、统一建设、统一管理，且地下空间一体化开发，打造立体交通网络。片区项目类型多，包括超高层、文化建筑、公园、市政道路、隧道、河底连通道等，各项目交叉界面多、制约因素多、交通组织复杂。施工总控团队在首开区提出了“1+1+3+5+N”的总控管理模式，侧重于项目群的统筹管理，解决片区开发项目建设时序、交通组织、专题技术咨询等问题。总控团队充分发挥成熟的管理经验，以专业科学的工作技能，统筹片区项目建设，及时准确发现问题关键，合理有效提出解决方案，促使项目建设稳定而有序地正向发展，不断体现施工总控在项目群后续发展中的重要作用。

3.3 施工总控的特点

施工总控是基于整个区域开发的视角，全面考虑区域内各项目情况，通过对区域的整体规划制订实施计划，在实施过程中协调项目各参与方关系，对项目风险进行识别与控制，动态调整项目实施计划，同时利用信息技术手段实时传递、处理和分析项目信息，提高项目管理效率，为项目的顺利实施提供全局性的指导和协调的一种项目管理模式。

与传统的项目管理模式相比，施工总控模式具有以下特点。

1. 对区域整体开发的适用性

区域整体开发施工总控模式的管理范围通常覆盖某个片区内所有的建设活动和运营管理。这种模式注重对整个区域的统一规划和协调，确保各项建设任务能够按照预定的时间节点和质量标准完成，强调地理位置上相邻的项目群之间在施工界面上的协调性，注重全局观和长期规划，强调各子目标间的相互协调和支持。相比之下，传统单一地块管理模式的管理范围涵盖的一系列关联项目可能分布在不同的地理位置，不强调彼此在施工期间的相互影响。

2. 决策层次的集中性和决策信息的分散性

施工总控模式的决策层次相对集中，在施工总控团队提供信息进行决策支撑的情况下，由业主统一负责决策，对园区内的所有建设活动和运营管理进行统一规划和部署。总控团队收集的用于为决策提供依据的信息则相对分散，因为园区内每个项目的建设涉及不同的施工单位，这就要求施工总控团队具备跨组织、跨团队的协调能力，以确保收集到的相对分散的信息能够相互衔接，为业主统一决策提供支持。

3. 管理理念的预见性和动态性

传统项目管理理念侧重于阶段性和专业性，将项目划分为不同的阶段，如规划、设计、施工、验收等，每个阶段由不同的专业团队负责。这种理念注重每个阶段的专业性和规范性，但可能在整体协调上存在一定的不足。施工总控理念注重整体性和协调性，它着眼于项目的全局，将项目的各个阶段、各个环节视为一个整体，进行统一规划和管理，在这个过程中强调预见性和动态性，注重根据施工过程中的实时数据进行调整和优化。

4. 项目风险的个性与共性

大型园区整体开发的特殊性使得项目建设密度大，施工资源需求重复性高，结合项目本身特点会产生个性的风险点。同时由于地理位置毗邻、四至环境相似、相邻界面多，容易产生一类共性的风险点。一方面，总控团队能够借鉴传统的项目管理模式，针对单个项目的特定风险，制定相应的应对措施，确保项目的顺利进行。另一方面，施工总控管理模式通过对风险的集中识别和控制，通过对项目群整体风险共性的分析和评估，可以制定具有普适性的风险控制策略，降低园区内项目群的整体风险水平。

5. 对于项目间相互影响的把控性

施工总控模式面对的往往是复杂、大型的工程项目，项目间存在多种不同程度的相互影响，具有很多相邻且紧密相关的工作面。因此，施工总控模式应注重不同工作面关键节点的把控以及相邻工作面在作业过程中的相互影响。对于项目关键节点和相邻工作面的重点把控，其目的不仅在于加强各个实施过程的整体管控水平，更是为了减少相邻节点和工作面之间的互相影响，及早对其潜在的风险因素进行识别分析，按照潜在风险的等级和类型制定相应的监测方案，并设置针对性的响应措施，从而最大限度地减少此类内部互相干扰对工程带来的损害。

上海建科经过多个项目的施工总控服务的经验积累，将总控模式归结为“1+1+N+X”模式，扩展开来为统一策划、统一标准、N项常态管理以及X项技术及专题咨询，如下图所示。

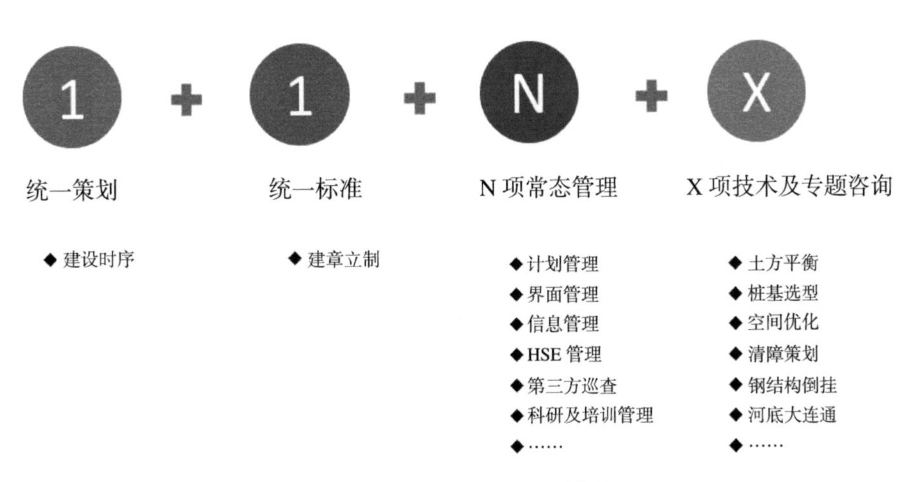

施工阶段项目集群总控服务模式

4　统一策划

统一策划是指总控在项目建设前期对整个片区的统筹规划，其核心是围绕建设时序进行策划。建设时序的策划要结合施工界面、交通组织、质量安全等多方面因素，并联合其他参建单位进行分析论证，根据信息的更新不断优化，最终排出最具合理性、可落地性的建设时序。建设时序的策划本着统筹平衡、整体推进、合理搭接、避免停滞的原则，编制出的施工进度计划成为片区内施工单位的基本参考意见（图 4-1）。

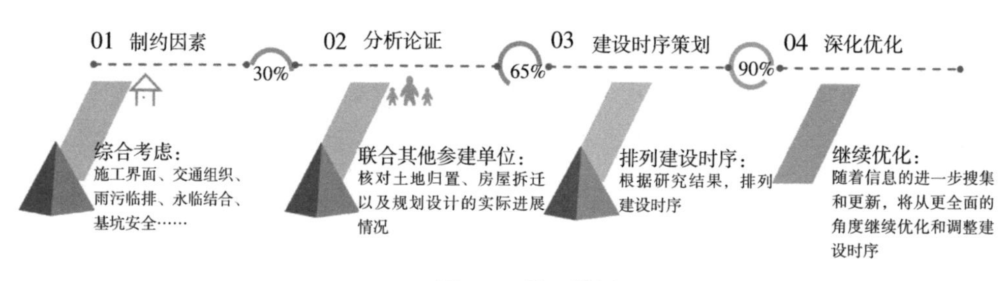

图 4-1　统一策划

4.1　建设时序策划的意义

在区域整体开发项目中，由于存在多个建设周期不同的建设目标，涉及的前期流程、工程系统和组织系统复杂，各条线交错或并列进行，界面划分难度大，综合管理难度极高；另外，部分区域开发项目的周边环境复杂，存在遗留问题工程或正在建设的工程，片区间的施工环境受到相互干扰，可能会对工程进度造成负面影响；对于涉及多个建设主体的大型区域项目，则需在前期考虑各单位间的协调关系，明确各自的责任与分工，避免协同建设过程中的冲突。

在此类情况下，如果不提早对项目做出预判性策划，可能出现项目管理混乱、各环节衔接松散、工程进度滞后等问题，严重影响项目建设目标的实现。因此，需在项目整体处于前期准备阶段进行建设时序策划，以此作为后续工作的指导，对工程整体实施缜密规划、科学统筹和总体控制。

4.2　建设时序策划的思路

优秀的项目总控管理服务离不开科学的、有效的管理策划，在开展具体的总控管理服务中，管理团队应利用各类资源，开展详细的项目总控服务相关策划管理。建设时序策划流程包括：项目基础情况的收集和分析；分解项目结构；制订工作分解结构与进度计划；编制建设时序策划。

1. 项目基础情况的收集和分析

建设时序策划应基于项目客观条件进行，考虑自然条件、政治条件、经济条件等可能影响工程建设的各种因素，预判建设过程中可能出现的重难点问题与风险。

建设时序策划还应遵循工程建设的科学规律和工程管理的基本理论。科学设置总进度目标与关键时间节点，使策划方案符合区域开发政策与上位规划、建设单位具体要求、项目建议书及批复、项目可行性研究报告及批复等内容，并参考相关前期研究、专家评估意见、相关案例研究等成果进行优化。

2. 分解项目结构

建设时序策划需要以整体项目为主体，对其中各工程进行由顶至下、由粗及细、由浅入深的层级结构分解，形成项目分解结构体系。

项目分解结构体系（Project Breakdown Structure，PBS）是指以项目交付成果本身为对象进行逐级分解形成的层级结构体系，用以展示一个整体项目由多少个单位工程组成。一个功能完整、分区明确、逻辑清晰的 PBS 体系有利于明确建设任务，有利于进行任务分解和分工，有利于项目实施和推动。项目分解结构案例如图 4-2 所示。

3. 制订工作分解结构与进度计划

基于已经明确的项目分解结构体系（PBS），制定工作分解结构体系。工作分解结构体系（Work Breakdown Structure，WBS）是以项目交付成果为导向对项目任务进行的分解。与项目分解结构体系（PBS）相比，工作分解结构体系（WBS）不仅把项目整体任务分解成较小的、易于管理和控制的若干子项目，更注重项目的实施过程，以实现项目的全流程为主线进行工作分解。工作分解结构案例如图 4-3 所示。

4. 编制建设时序策划

对项目分解结构体系（PBS）与工作分解结构体系（WBS）进一步细化并落实到具体操作环节，编制规划设计、工程施工和运营筹备等各个阶段的操作流程与时间节点要求，最终得到可以指导工程实际推进的建设时序策划。建设时序策划编制案例如表 4-1 所示。

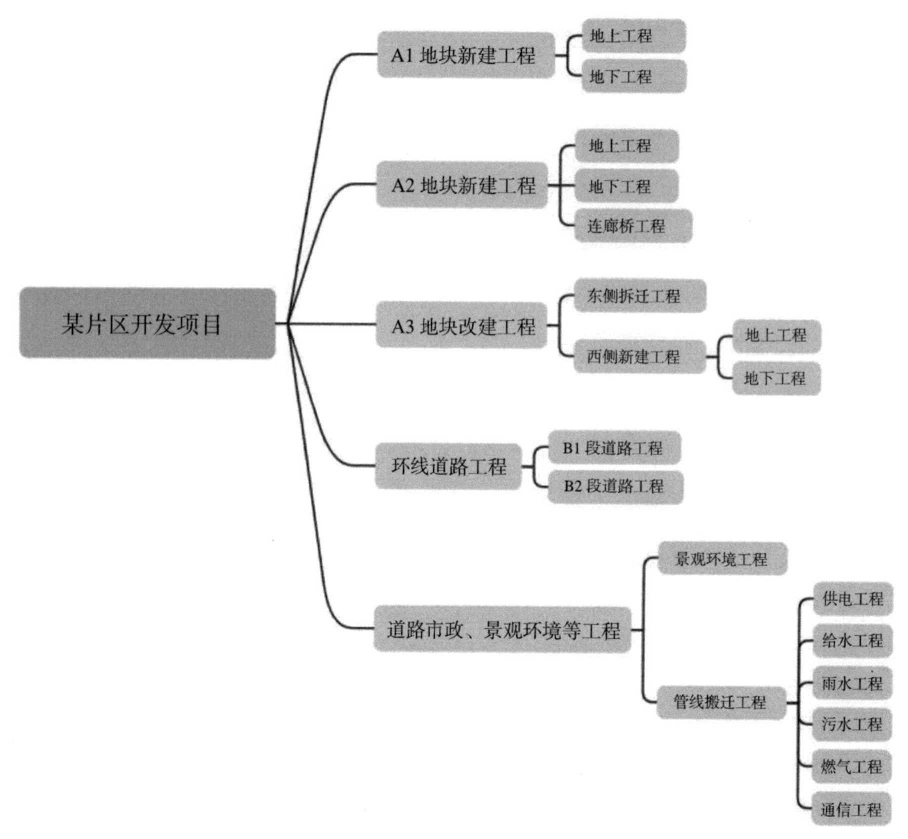

图 4-2 项目分解结构体系（PBS）案例

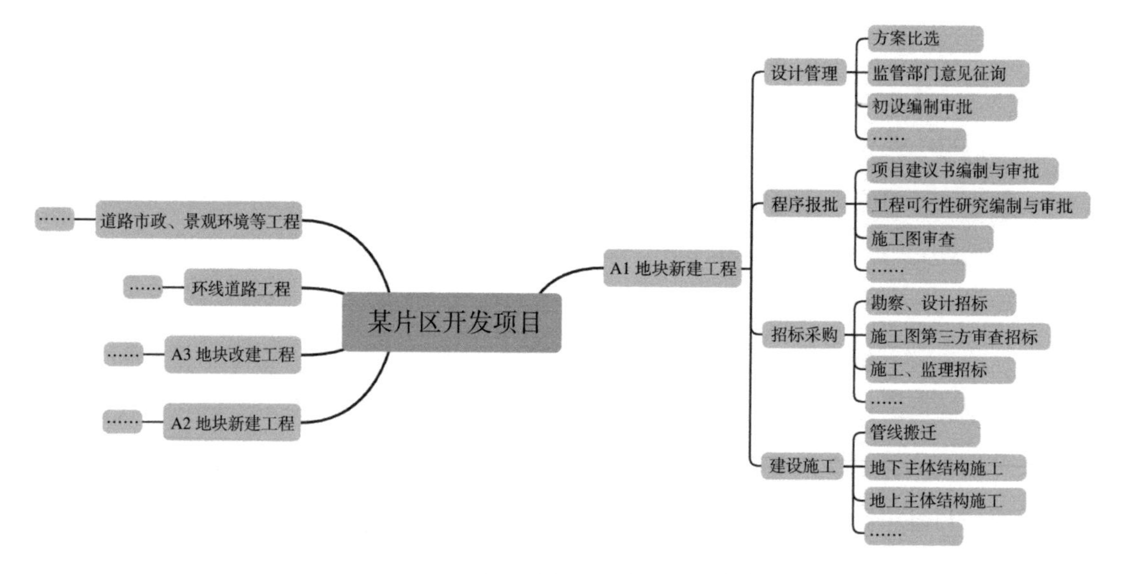

图 4-3 工作分解结构体系（WBS）案例

某项目建设时序三级拆解表　　　　表 4-1

项目	一级总进度纲要（里程碑节点）	二级总进度规划（关键节点）	三级控制性计划	计划开始时间	计划完成时间
某区域整体开发项目	工程开工前准备	项目建议书报批	上报行业主管部门		
			行业主管部门预评审会形成预评审意见		
			行业主管部门流转		
			评审机构组织评审		
			形成咨询报告		
			正式批复项目建议书		
		可行性研究报告报批	……		
		规土意见书报批	……		
	……				
	隧道段土建工程施工	桩基及围护结构施工	围护结构施工		
			桩基工程施工		
			降水井施工		
		土方开挖及底板浇筑施工	A 坑土方开挖及底板浇筑		
			B 坑土方开挖及底板浇筑		
			C 坑土方开挖及底板浇筑		
			D 坑土方开挖及底板浇筑		
		隧道主体结构施工	……		
	……				

4.3　建设时序策划的内容

建设时序策划的核心是将一个复杂的区域项目按照组成与工作流程进行逐步拆解，从工程的程序报批、规划设计、征地拆迁、招标采购、施工、调试与验收等各方面形成整体建设计划，作为项目实施的总体纲领。各方依据此计划的进度目标要求，高效统筹推进各项工作，确保按期完成项目建设目标，达到预期的经济效益。

根据区域整体开发项目实际操作经验的归纳与总结，建设时序策划可拆解为三个层级。

1. 一级总进度纲要

一级总进度纲要是整个项目纲领性文件，体现项目建设中重要的里程碑节点。该节点将对目标实现产生巨大影响，若不能如期进行，则可能导致项目整体目标的失控。因此，建设时序策划中的其他各层级需以一级总进度纲要为基础目标，才能保障总进度目标如期实现。

一级总进度纲要通常包含：项目立项、工程开工前准备、工程开工、地下结构完工、主体结构完工、工程竣工、投入运营等节点。

在项目建设过程中，各参建部门应以一级总进度纲要为核心目标，尽可能按期实现一级总进度纲要中的目标时间节点。

2. 二级总进度规划

二级总进度规划是一级总进度纲要的细分，在保障里程碑节点的情况下，将建设时序拆解为关键节点。该节点描述是项目建设过程中各项重要工作的核心内容，通过控制每一个节点的完成就可以基本控制住整个项目的进度。

二级总进度规划一般包含：项目建议书批复、可行性研究报告批复、初步设计批复、施工图设计审查完成、取得建设用地规划许可证、取得建筑工程规划许可证、取得施工许可证、工程开工、桩基完工、底板浇筑完工、地下结构完工、主体结构封顶、幕墙完工、机电安装完工、装饰装修完工、联调联试、工程竣工、投入运营等节点。各参建部门应以二级总进度规划的关键控制性节点为目标，规划并执行本部门的各项工作。

3. 三级控制性计划

三级控制性计划是业主方完整的项目工作计划，描述了项目实施过程中所有的工作计划内容。

以项目建议书批复的关键节点为例，三级控制性计划可拆分为：上报行业主管部门、行业主管部门预评审会、行业主管部门流转、评审机构组织评审、形成咨询报告、正式批复项目建议书。

三级控制性计划明确了每项工作的责任单位（部门）和相关单位，业主方各部门成员可以根据计划的指引，分模块开展各项工作。

5　统一标准

统一标准就是通过蓝图以及设计导则来建章立制、设立管理框架及细则。通过管理制度、管理办法、实施细则的制定，规范、约束参建各方的行为，并在片区内统一执行。统一标准也是评判建设行为的基本参考，要求标准具有全面性、针对性、可行性、有效性、及时性、互通性，并同时具有预判和监管的效力（图 5-1）。

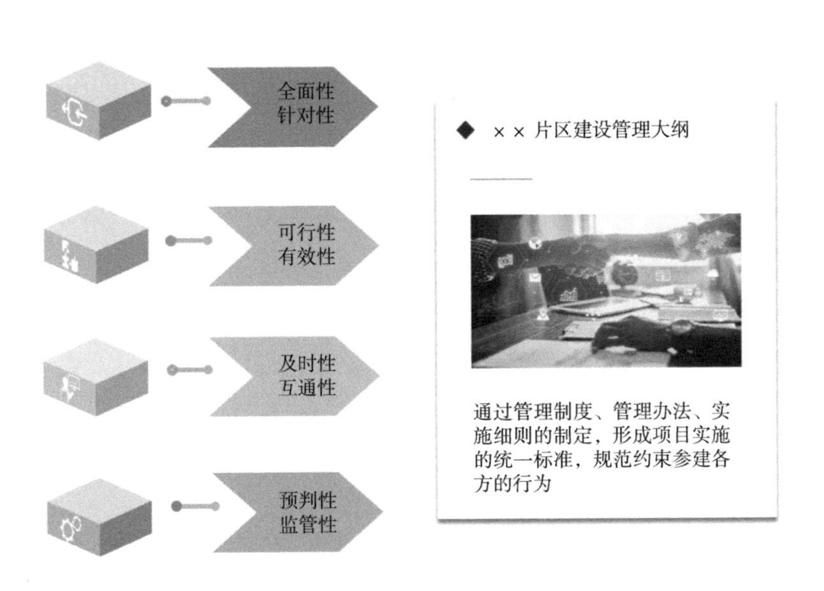

管理制度

- ××× 采购管理制度
- ××× 安全管理制度
- ……

管理办法

- ××× 设计管理办法
- ××× 施工管理办法
- ××× 投资管理办法
- ……

实施细则

- ××× 技术核定实施细则
- ××× 现场签证实施细则
- ××× 材料封样实施细则
- ……

图 5-1　统一标准

5.1　建章立制的意义

在推进区域整体开发项目群的过程中，建立一套完整的制度体系是至关重要的一环。这一制度体系不仅涵盖了项目总控管理内容的各个环节，还深入到了资源调配、风险控制、沟通协调等多个层面，为项目群的顺利运行提供了坚实的支撑。

建立一套完整的制度体系，有助于规范项目群的管理流程。通常，从项目立项、可行性研究、规划设计，到施工建设、竣工验收等各个环节，都需要有明确的制度规定来指导实践操作。通过制定详细的管理流程和操作规范，可以确保项目群中的各个项目都能按照既定的步骤和标准进行，避免了因操作不当或管理混乱而导致的失误和损失。

制度体系的建设还有助于提升项目群的管理效率。通过优化资源配置、加强沟通协调、建立信息共享机制等措施，可以降低管理成本，提高管理效能。同时，制度体系的建立还能促进项目群内部各部门之间的协同合作，形成合力，共同推动项目群的进展。

同时，在推进区域整体开发项目群的过程中，建立一套完整的制度体系还有助于增强项目的风险控制能力。通过对项目风险进行识别、评估、监控和应对，可以及时发现并解决潜在的问题，降低项目风险的发生概率和影响程度。同时，制度体系还能为项目群提供法律保障，确保项目的合规性和合法性。

此外，在建立制度体系的过程中，还需要注重数据的收集和分析，持续改进和优化制度体系。通过收集项目群运行过程中的各类数据，进行深入的统计分析，及时发现存在的问题和不足，为制度体系的完善和优化提供有力的依据。

综上所述，建立一套完整的制度体系在推进区域整体开发项目群中具有举足轻重的作用。它不仅有助于规范管理项目流程、提升管理效率，还能增强项目的风险控制能力，为项目群的顺利推进提供坚实的保障。因此，在推进区域整体开发项目群的过程中，我们应高度重视制度体系的建设和完善，确保项目群的顺利运行和高效推进。

5.2 建章立制的思路

1. 资料收集与分析

在区域整体开发项目集群总控介入后，首先要对工程建设相关信息进行资料收集与分析。资料收集是制度编制的基础工作。在收集资料的过程中，要收集国家法律法规、行业标准和政策文件等宏观层面的资料，以确保企业制度符合国家法律法规的要求，并适应行业的发展趋势。其次，要收集企业内部的历史文件、管理制度、规章制度等微观层面的资料，以符合企业现有的管理状况和存在的问题。此外，还需要收集建设单位需求与反馈等各方面的信息，以充分考虑制度体系符合各方面的需求和利益。

资料分析阶段进行筛选和分类，为制度编制提供有力的支撑，过程中可以借助一些工具和方法。例如，可以利用统计软件进行数据分析，以发现数据背后的规律和趋势；可以运用 SWOT 分析等方法，对企业或行业的内部和外部环境进行全面分析；还可以借鉴其他企业或行业的成功经验和做法，以弥补自身的不足和提升自身的竞争力。

2. 制度编制

制度的编制应结合区域整体开发项目特点及业主实际需求开展，具体可分为八个方向：计划管理、界面管理、信息管理、技术管理、HSE管理、竣工移交管理、第三方巡查以及科研培训管理。每一项管理有相对应的管理办法和细则，用来约束施工单位的施工行为，规范各参建方的工作流程，形成一套高标准、高质量的管理体系（表5-1）。

建章立制管理办法 表5-1

序号	管理模块	管理办法	管理细则
1	统一策划	统一策划管理办法	……
2	统一标准		
2.1	计划管理	计划管理办法	……
2.2	界面管理	界面管理办法	……
2.3	信息管理	信息管理办法	报告管理细则 会议管理细则 ……
2.4	技术管理	技术管理办法	……
2.5	HSE管理	HSE管理办法	施工现场出入口管理实施细则 安全生产、职业健康与应急事件管理实施细则 现场环境与文明施工管理实施细则 ……
2.6	竣工移交管理	竣工移交管理办法	……
2.7	第三方巡查管理	第三方巡查管理办法	……
2.8	科研培训管理	课题管理办法	……
3	技术专题咨询管理	技术专题咨询管理办法	……

制度编制框架主要包括以下几个部分。

（1）总则：阐述管理制度的目的、适用范围、基本原则和术语定义等，为后续内容奠定基础。

（2）组织架构与职责：明确项目组织结构、人员配置及职责分工，确保项目执行过程中各部门、各岗位之间的协调与配合。

（3）计划管理：规定项目计划的编制、审批、执行和调整流程，确保项目按计划有序进行。

（4）界面管理：明确界面管理目标、界面管理标准和界面管理内容，保障片区项目顺利推进。

（5）信息管理：建立项目沟通机制，明确信息传递途径和方式，确保项目信息及时、准确传递。

（6）技术管理：梳理项目建设过程中可能存在的技术难题，提前策划和分析，给出相应咨询建议，确保项目顺利推进。

（7）HSE 管理：建立健全的制度和流程，明确各级人员的安全职责和权限，以及制定应急处理预案，确保各项安全措施得到有效落实。

（8）竣工移交管理：明确项目验收标准和流程，确保项目按时、按质完成并顺利交付。

（9）第三方巡查：制定巡查方案、工作流程、考核标准等，结合项目所处阶段针对性安排巡查专家，营造区域整体开发项目群“赶、学、比、超”的施工氛围。

（10）科研培训管理：制定专题培训方案、培训流程及培训计划并定期开展；明确课题研究方向，牵头制定课题的研究策划、申报和实施。

在编制工程管理制度时，需要关注以下几个关键内容。

（1）精细化管理：将项目管理的各个环节进行细化，确保每个环节都有明确的操作规范和质量标准。

（2）标准化操作：通过制定统一的操作流程和质量标准，提高项目执行的一致性和可预测性。

（3）信息化手段：利用现代信息技术手段，提高项目管理效率和质量，降低管理成本。

（4）持续改进：定期对工程项目管理制度进行审查和更新，以适应不断变化的项目需求和市场环境。

综上所述，工程项目管理制度的编制是一个系统而复杂的过程，需要充分考虑项目特点和需求，结合相关法律法规、行业标准和企业规范，制定出一套既符合实际又具有可操作性的管理制度。通过严格执行这些制度，可以有效提升工程项目的管理水平和实施效果。

3. 更新改进与优化

根据项目发展的进展情况及业主的具体需求，对现行的制度建设进行全面审视，并据此进行相应的更新、改进与优化工作。此举旨在确保各项制度与细则能够更加精准地契合业主把控项目群管理的实际需求，为项目的顺利实施提供有力保障。

5.3　建章立制的内容

区域整体开发施工阶段项目集群总控，需要以规范、全面、科学、先进为宗旨，对标行业优秀案例与经验，制定适用于建设单位的工程建设项目管理工作流程。

1. 组织架构及职责界定

建章立制工作需明确界定建设单位内部组织架构、施工总控单位内部组织架构以及相关参建单位，并详细阐述各单位在施工阶段所承担的具体职责。通过明确组织架构和职责划分，有助于保障施工过程中的组织协调，提高施工效率，确保项目按时按质完成。

2. 制度体系构建与编制

在区域整体开发施工阶段的项目集群实施中，为确保施工进程的顺利进行，需要全面构建整体的制度体系。该体系在施工阶段涵盖多个关键管理模块，包括计划管理、质量管理、安全管理、风险管理、竣工移交管理以及信息管理等，旨在实现对施工过程的全面监控与高效管理。各管理办法与细则均需要明确工作目标与范围、工作职责、工作内容等方面，根据需求，制定监控与评估机制，对执行情况进行实时跟踪和评估，每一环节都有其特定的要求和标准，需要严格执行以确保工程实现最终目标。

3. 编制详细工作流程

根据确立的制度体系编制详细的管理办法、细则以及相应的工作流程，为工程实施提供了明确的指导，也确保了工程质量和进度的有效控制。流程应该遵循逻辑清晰、条理分明的原则，确定工作流程的目标和范围，分析工程管理办法与细则的具体要求，编制工作流程的具体步骤，包括：各项任务的执行顺序、责任分配、时间节点等关键信息。同时，我们还需要考虑如何协调不同部门之间的合作，以确保整个流程的顺畅进行。

6 N项常态管理

N项常态管理主要包括以下方面：计划管理、界面管理、HSE管理、第三方巡查、信息管理、科研及培训管理等。

6.1 计划管理

6.1.1 计划管理的意义

在区域整体开发项目中，项目计划是区域开发节奏的根本，也是引领项目推进的纲要性文件。在项目的实际实施过程中，施工计划极易受到多种因素的影响，如技术因素、人为因素、环境因素等，如果不能对这些因素进行有效控制，会影响工程建设施工行为推进，延迟工程的交付时间，浪费更多的资源，拉低工程项目的整体效益。

另外，在区域整体开发项目中，往往是多个单体项目同步开发，在统一的目标要求下，每个单体项目又有自己单独的施工安排和进度计划，结合场地界面、资源调配等因素，若没有在前期充分考虑到各个项目的需求与目标并制订相应计划及管理手段，极易发生各个项目之间互相影响，导致项目整体推进遇到阻碍，影响最终目标达成的情况。

因此，计划管理在区域整体开发项目中具有重大意义。由于在区域开发项目中存在多个建设周期不同的建设目标，涉及的前期流程、工程系统和组织系统复杂，各条线交错或并列进行，综合管理难度极高，一份具有指导性的计划需通过将项目各类基础资料进行收集与研究，需涵盖各个阶段的多种信息，包括立项方式、建设主体、规模指标、功能需求以及周边市政基础设施、公建配套内容等，结合现状条件，以及施工阶段在人、机、料、法、环等方面的影响，从而分析制订科学的项目建设时序及后续的整体进度计划、里程碑节点、关键节点等，为整个项目推进打下坚固的基础。

6.1.2　职责分工与工作流程

1. 职责分工

通过计划管理有效分配资源和时间，避免项目建设过程中的时间与价值的浪费，根据进度管理的工作内容，明确目标，协调组织中的各个部门和人员的行动。这需要建立沟通渠道和工作流程，以确保每个人都知道他们的任务和职责，并且可以协调配合来完成整个计划，分工至建设单位、施工总控团队、监理单位以及施工单位等参建单位（表 6-1）。

计划管理职责分工　　　　**表 6-1**

计划管理工作内容			建设单位	施工总控团队	监理单位	施工单位
计划编制	控制性进度计划	合同开工、竣工时间节点，里程碑节点确认	负责	参与	—	—
		建设时序策划	审批	编制	—	—
	实施性进度计划	施工总进度计划、年进度计划	审批	审核	审核	编制
		关键节点识别	审批	编制	—	—
		施工月进度计划	备案	备案	审批	编制
进度跟踪		关键节点跟踪	审阅	双周跟踪	—	—
		施工周计划 / 工作任务跟踪	审阅	备案	周跟踪	编制
计划调整		总进度计划调整影响合同节点	审批	审核	审核	申请
		年进度计划调整影响关键节点中年度目标	审批	审核	审核	申请
		年进度计划调整影响其余关键节点	审批	审核	审核	申请
		总进度计划、年进度计划调整不影响关键节点	审批	备案	审核	申请

2. 工作流程（图 6–1）

6.1.3　计划管理的内容

计划管理旨在把控项目建设进程，通过管理手段，让项目建设按进度计划推进，顺利达成建设目标。具体内容可分为计划编制、进度跟踪、偏差上报、计划调整等，贯穿整个项目决策阶段、项目实施阶段以及项目交付阶段，如图 6-2 所示。

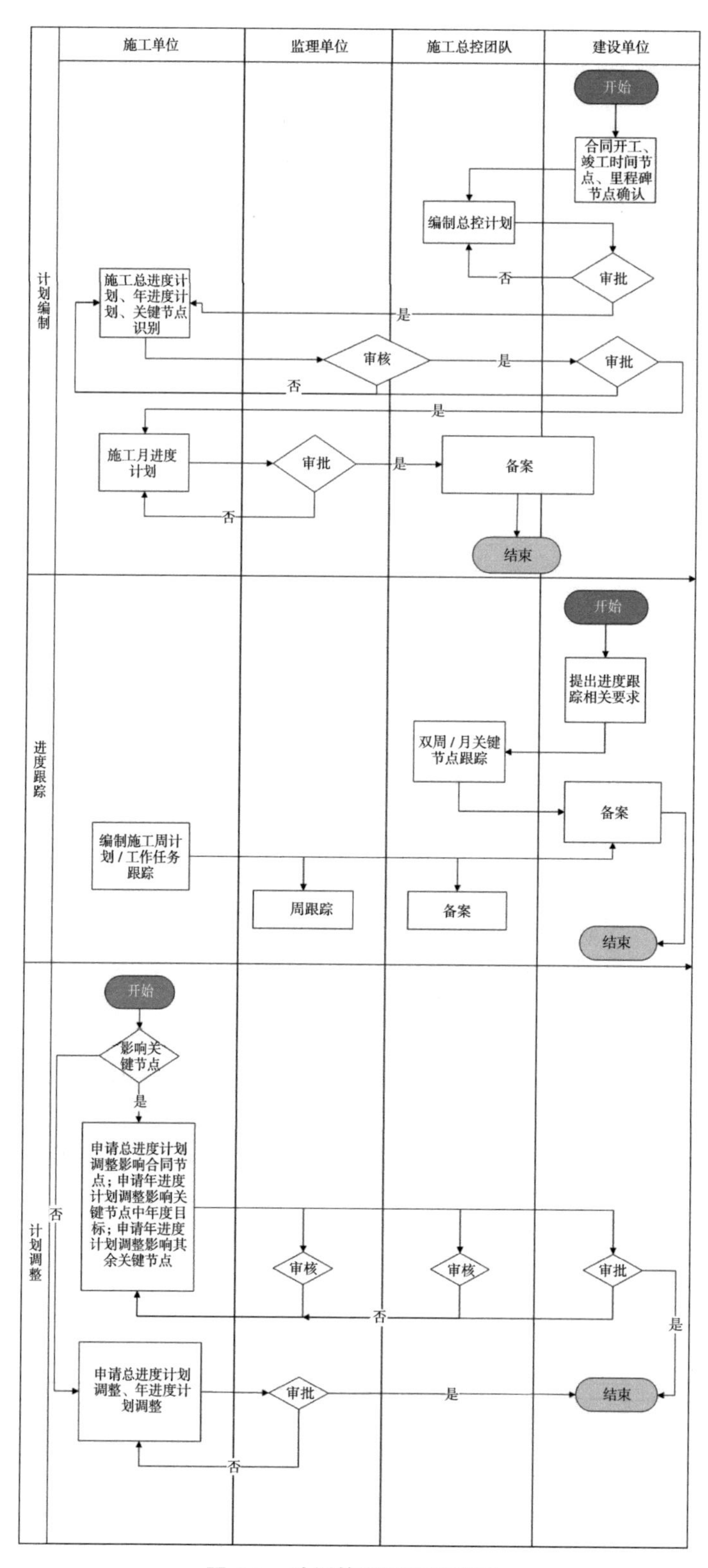

图 6-1　计划管理工作流程图

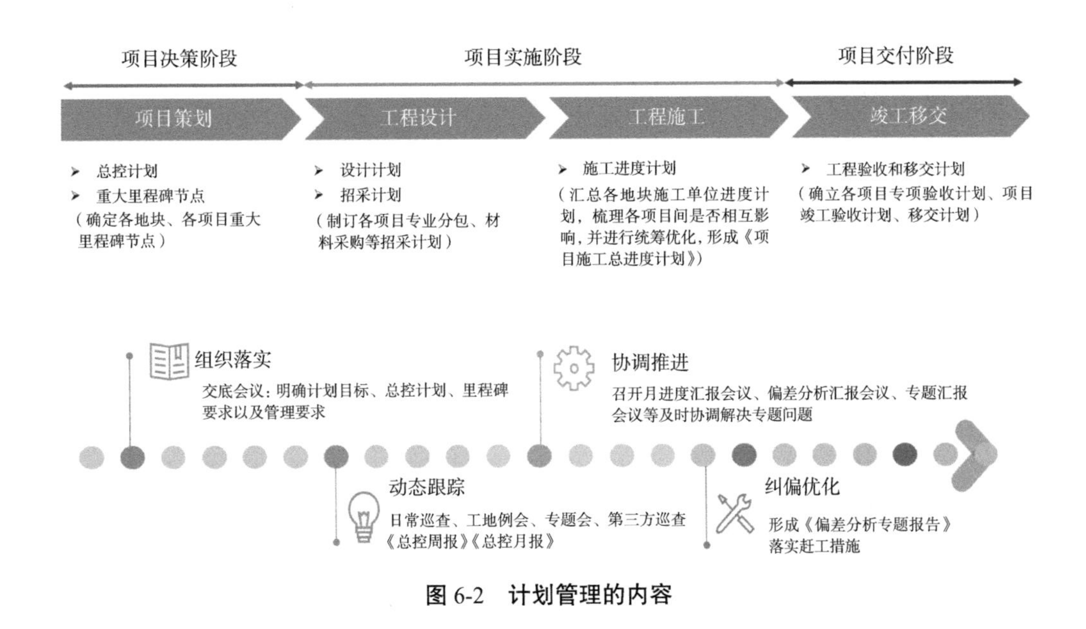

图 6-2　计划管理的内容

区域整体开发项目往往具有规模大、工期紧、工艺难、单体多等特点，由于不同单体有不同的建设周期的要求和目标，以及不同的前期流程和关注重点，导致区域整体开发项目对进度计划的全面性和科学性极为严苛。

1. 计划编制

项目的进度计划包括项目的控制性进度计划和实施性进度计划。

控制性进度计划包括对合同关门节点及里程碑节点目标的分解和项目群建设时序策划，需建设单位首先提出开工、竣工节点及里程碑节点。施工总控团队结合项目群内外部项目节点编制项目群建设时序策划，计划编制应精确到“月”。控制性进度计划的内容应包括编制的文字说明、横道图、里程碑节点等。控制性进度计划需建设单位审批，并按照建设单位要求提交。

实施性进度计划是施工单位施工作业的依据，是确定具体的作业安排、相应前置工作及工序资源需求的依据，施工单位结合控制性进度计划编制项目总进度计划，并分别分解细化年、月、周进度计划，需精确到“天”，内容包括编制的文字说明，施工单位的详细的分部分项进度计划横道图，反映工艺关系、组织关系的网络计划图等。监理单位重点结合建设单位的合同关门节点与里程碑节点，对施工单位提交的总进度计划及年、月进度计划进行审核，其中总进度计划及年进度计划还需经施工总控审核和业主单位审批，月进度计划由施工总控团队和业主单位备案；施工总控团队重点对各标段之间、各标段与外部项目之间进度计划的相互影响进行审核。

各施工标段控制性计划、实施计划编制需统一层级。按照项目 / 标段、区域、单位工程、分部 / 子分部、分项工程、检验批分区层级编制，各标段在编制过程中须保证工作内容全面覆盖、无遗漏。

2. 进度跟踪

进度计划跟踪采取细化任务、分级管控制度。管控层级分为监理单位、施工总控团队、建设单位。施工总控团队结合合同节点及施工单位总进度计划，选取关键节点作为过程管控依据，采取每月第三方巡查以及进度双周巡查的方式跟踪关键节点完成情况。

3. 偏差上报

为及时反映进度偏差以及保证纠偏措施的贯彻落实，施工总控团队对巡查结果进行通报。

（1）双周结果以双周进度偏差专题报告形式上报。

（2）月度巡查结果以第三方巡查报告形式上报建设单位，在第三方巡查专题会中对巡查结果进行总结通报，第三方巡查专题会参加范围为区域开发项目群建设单位相关负责人、施工总控团队、监理单位总监理工程师、施工单位项目经理等。

4. 计划调整

若根据现实情况以及资源安排，总进度计划、关键节点已失去作用或难以实现无法完成，则需按照流程进行计划调整审批后实施。

（1）当总进度计划调整影响合同节点、年进度计划调整影响关键节点中的年度目标、年进度计划调整影响其余关键节点，由施工单位提出申请并完成计划编制，监理单位和施工总控团队逐级审核后报建设单位审批。

（2）当总进度计划、年进度计划调整不影响关键节点（合同节点、年度节点、影响外部节点）时，由施工单位提出申请并完成计划调整，监理审核通过后报建设单位审批，施工总控团队备案。

6.2 界面管理

6.2.1 界面管理的意义

工程实践证明，在大型项目环境下，许多工作的遗漏与缺陷、纠纷与索赔都发生在界面上，且界面上的纠纷往往最难处理。在区域整体开发中，由于项目本身规模庞大、组织复杂，同时会涉及不同投资运营主体、不同设计单位、施工单位，同时也会涉及建筑、市政、设备等多专业的交叉，且在时间、空间上存在交叉施工，往往会产生众多界面。

在大型区域建设项目中，各类项目单元之间存在着复杂的关系，界面之间存在着层次性、动态性、相互依赖性，识别和管理这些界面问题具有十分重要的意义。界面管理通过对各相关界面的梳理，结合各项目的阶段性实施计划，根据项目实际情况来制定、更新及完善界面管理阶段性成果，进而保证整个项目的施工质量和施工进度，避免项目中的推诿扯皮，造成经济损失，从而保证项目顺利完工。

在项目实施过程中，如果不能正确地识别界面的存在，可能会导致诸多问题，因此由施工总控团队从专业宏观角度统筹片区整体开发，实现多地块、多单位之间信息沟通协调，协助业主完成多地块、多单位之间工作分界面的梳理划分等工作显得尤为重要。通过系统化、全局化的界面管理，能够实现界面之间高效交流与协作，避免矛盾冲突，实现集成管理，提高整体的经济效益。

6.2.2　职责分工与工作流程

1. 职责分工

界面管理体系由建设单位、施工总控团队、监理单位、施工单位组成。建设单位作为项目管理的核心，主要负责决策和指令的下达；施工总控团队主要为建设单位的决策提供支撑，给出专业建议，并对区域内的施工单位和界面进行规范和监督；监理依照界面管理办法对施工现场进行监管、提醒、巡查工作；施工单位依据界面管理要求规范施工，如遇到需要协调的界面问题，上报施工总控团队进行协调（表 6-2）。

界面管理职责分工　　**表** 6-2

序号	界面管理工作内容	建设单位	施工总控团队	监理单位	施工单位
1	建设时序界面管理	审批	编制	告知	告知
2	确定场地使用时间要求	负责	参与	告知	告知
3	根据使用要求确定场地的移交与借地	负责	参与	告知	告知
4	场地布置报告制定	审批	编制	告知	告知
5	施工各项目场地界面布置实施及管理	检查	检查	检查	实施
6	项目界面规划实施情况的报告（施工周报、监理周报、监理月报）	备案	备案	备案 / 编制	编制
7	不影响施工标段总进度计划及里程碑节点的相关的界面规划的调整	备案	备案	审核 / 批准	申请 / 实施
8	影响到施工标段总进度计划及里程碑节点的相关的界面规划的调整	审批 批准	审核 批准	审核 / 批准	申请 / 实施
9	合同界面管理	编制	参与	告知	实施
10	组织界面管理	审核	编制	检查	实施

2. 工作流程（图 6–3）

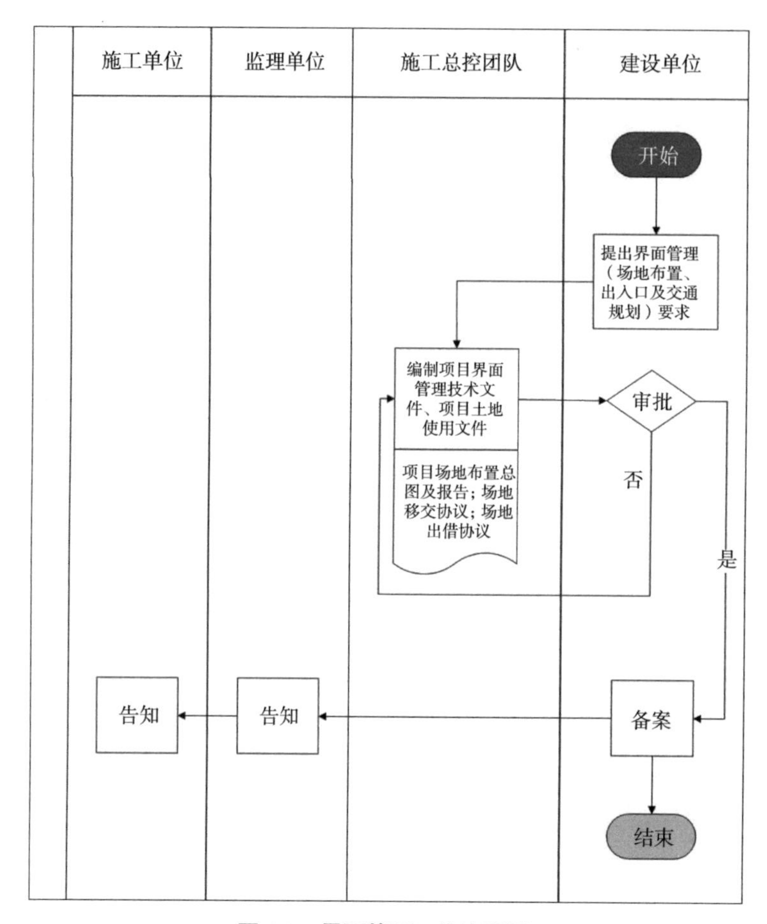

图 6-3　界面管理工作流程图

6.2.3　界面管理的内容

界面管理的分类基本原则涉及诸多方面，目前较为统一的认识是界面管理包括以下 3 类，即实体界面、合同界面和组织界面。这三类界面的管理贯穿建设项目全生命周期，实体界面、合同界面和组织界面之间存在相互联系，合同界面的增加会导致更多实体界面，同时由于更多的单位参与，也就产生更多的组织界面。

1. 实体界面的管理

实体界面是工程建设项目中真实存在的、两个或多个建筑因素或部位的实体连接，通常始于设计，在施工阶段进一步凸显。

区域整体开发项目规模庞大，建筑类型多样，往往涉及多家不同类型的设计单位，多家设计单位在关注自身地块设计方案的同时，难免对周边的项目信息、工程进展、施工做法等情况了解不足，容易忽视地块本身与周边的界面搭接、施工工序等情况。为解决上述设计阶段容易忽视的问题，需要施工总控团队从方案深化设计阶段介入，预先了解设计方案的基本情况与调整方向，从片区整体开发的宏观角度，结合现状方案与周边情况进行综合分析。当本地块受制于相邻地块现状影响，难以满足自身施工需求时，施工总控团队应当从片区整体考虑，及时发现问题，统筹协助业主方，及时沟通设计单位与施工单位，由施工单位结合现状设计方案反提资设计需求，经业主方与设计方综合研判后调整相邻地块设计方案，确保片区各地块均能满足正常施工条件。

实体界面的重点在于现场施工界面，如果不能管理好施工界面，则可能产生多地块之间相互影响，进而导致成本费用增加、影响工程质量和工期进度的问题。施工总控团队要协助业主对界面双方人员针对性交底，明晰界面位置的内容划分和施工先后顺序，对界面位置的设计图纸问题及时提出答疑和优化建议。

此外，施工阶段还应注意加强界面位置的质量管理，界面位置的特殊性往往容易因标准不统一、施工先后顺序、成品保护和移交等问题，造成界面双方在质量责任上的相互推诿。对此施工总控团队可以通过 BIM 模型、动画模拟等手段直观反映实体与工序关系，作为现场施工界面管理和实施效果的评价依据。同时，施工总控团队可以采取现场定期巡查方式，对于关键节点、关键界面采取重点检查、专项检查，进一步提高现场对于施工界面的重视程度。

2. 合同界面的管理

合同界面是指业主与各项目参建单位之间，以及各参建单位相互之间建立起来的合同关系（例如业主与设计单位、施工单位之间的合同关系以及施工总承包单位与分包单位之间的合同关系等）。对于区域整体开发项目而言，涉及的单位不再是单个项目而是多个同性质的参建单位如多个施工总包等，这就决定了工作界面繁杂，协调工作量较大。从整个区域建设项目范围考虑，要统筹规划项目与项目之间合同界面，保证区域建设计划的科学性、完整性、可实施性。

施工总控团队牵头组织建立合同界面管理制度，针对区域整体开发项目自身特点，详细描述合同界面工作内容，并确定合同界面各方责任，同时建立合同界面实施管理制度和流程，全面对合同界面管理计划的报批、协调、信息传递、界面问题处理、界面控制和修改等进行管理。合理划分项目与项目之间的合同界面，如遇到合同纠纷问题，由施工总控团队在项目例会上进行反映，要求施工单位进行配合。如需要会议协调的，由施工总控团队组织双方进行会议协调，形成会议纪要交由建设单位审核，审核通过后按照会议决议执行。

（1）招标采购阶段合同界面识别、梳理

合同界面是一种合同关系，从招标采购之初便应介入考虑。在区域整体开发过程中，往往涉及两个或多个地块之间的界面搭接，在招标之初便应针对此项识别界面、厘清责任、避免遗漏，这应该是施工界面管理的首要工作。因此在施工招标阶段，总控团队便要提前介入，充分考虑项目的设计成果、专业特点、工期计划和可以预见的施工先后顺序等，协助业主做好主要的施工界面梳理识别工作，避免后续施工过程中各施工承包商、材料、设备供应商等单位工作内容界面模糊、相互推诿，影响工程进展。

根据施工招标所涵盖的具体范围，施工总控团队主要从以下几个方面进行界面管理：

1）地下土建工程。土地的开发建设首先需要掌握本地块勘察报告，需要根据勘察报告，了解地块现状情况，若地下存在大量老桩，则需明确涉及老桩拔桩、截桩及底板处老桩桩头处理等的工作划分。对于区域整体开发项目而言，往往涉及多个相邻地块相继施工的情况，往往需要考虑相邻地块之间中隔桩拆除工作的划分。

2）地上土建工程。地上土建工程则需要结合招标图纸、设计说明等综合考虑，对于涉及主体之外的建筑物、构筑物等往往在招标图纸阶段表述不明确，因此需与业主、设计单位进一步沟通，避免地上土建工程有所遗漏。

3）装饰装修工程。

4）机电安装工程。

5）室外总体工程。

6）市政配套工程。

（2）合同履行阶段界面落实

合同界面管理的关键在于动态控制，尤其是关注项目推进过程中发现的合同中没有规定或者规定不明晰的界面问题，早发现，早解决。对合同界面进行分析是实施合同界面动态管理的基础。

3. 组织界面的管理

组织界面包括项目从开始策划到项目竣工验收、移交整个建设过程中的个人和组织之间的关系，由于建设项目需要多专业、多组织的协调配合，组织界面具有复杂性、不确定性、风险性等特点。

建设项目的组织界面包括参建各单位、各部门之间，特别是设计与施工之间，不同组织之间的有效管理是项目成功的关键。建设项目的组织界面按有无合同关系可以分为两类，存在合同关系的组织界面，例如业主与监理单位、施工总承包单位与分包单位，组织之间可以通过合同来协调。但在建设项目实施过程中，无合同关系制约的组织界面大量存在，例如监理单位与设计单位、施工单位、设备供应商之间，设计单位与施工单位之间等，无合同关系的制约在一定程度上增加了协商和沟通的难度，这对于涉及更多参建单位的片区整体开发项目而言，协商与沟通更加困难。据此，施工总控团队在项目建设之初，便要率先介入项目组织界面管理，结合项目自身情况整合各参建单位联系信息，统筹片区开发建设之中存在的组织界面风险，作为业主与各参建组织间沟通的桥梁，将信息上通下达，避免信息存在极度不对称情况，引导各参与方始终与项目的整体目标协调一致。

6.3 HSE 管理

6.3.1 HSE 管理的意义

HSE 管理体系，即健康（Health）、安全（Safety）和环境（Environment）三位一体的管理体系。HSE 工作的意义在于它可以预防和减少事故和灾难的发生。通过制定和执行相关的安全和环境管理制度，HSE 工作可以控制和管理工作环境中的潜在风险。它不仅保护员工的生命和身体健康，还保护了他们的人权和社会福祉。同时，HSE 工作对于提高企业的形象和信誉也具有重要意义。当企业展示出对员工健康和安全的关注，并采取积极措施来减少对环境的负面影响，它将赢得更多的支持和认可。这将有助于促进企业的可持续发展，并在竞争激烈的市场中取得竞争优势。此外，HSE 工作还有助于节约成本和提高效益。通过采取预防措施减少事故和污染事件的发生，企业将减少因此而产生的损失和额外支出。而且，遵守相关的法律法规和环境保护标准有助于降低企业可能面临的罚款和法律诉讼的风险。

HSE 管理的目的是加强施工现场的安全管理，有效地控制事故频率，确保国家财产和劳动者的生命安全，使施工现场的安全管理工作法制化、标准化、规范化和程序化。

综上所述，HSE 工作的意义和价值不可低估。它不仅关乎员工的安全和健康，还关系到企业的形象和可持续发展。通过重视 HSE 工作，我们能够享受更安全、更健康的工作环境，并为实现可持续的社会发展作出贡献。

6.3.2 职责分工与工作流程

1. 职责分工

HSE 管理需要建立健全安全管理机构和安全管理体系，并使之有效运行。认真贯彻执行国家有关安全生产法律、法规和上级各项安全生产要求，合理配置资源，完成安全工作目标和企业经营承包责任制的安全考核指标；建立建设单位、施工总控团队、监理单位及施工单位统一协调管理的 HSE 管理体系，在工程建设过程中各司其职，并接受建设单位的监督管理，为区域开发建设群提供可靠的安全及文明施工保证（表 6-3）。

HSE 管理职责分工 表 6-3

HSE 管理工作内容		建设单位	施工总控团队	监理单位	施工单位
文明施工与现场环境管理	创建安全标准化工地、市级文明工地	组织	监管	监管	执行
安全生产、职业健康与应急事件管理	安全生产、职业健康与应急事件	组织	监管	监管 / 执行	执行

2. 工作流程（图 6-4、图 6-5）

6.3.3 HSE 管理的内容

HSE 管理体系的核心是通过建立适当的策略、程序和技术措施，识别和评估潜在的健康、安全和环境风险，并采取措施进行有效控制。这些措施包括施工现场出入口管理、文明施工与现场环境管理、安全生产、职业健康与应急事件管理等。

施工总控团队作为项目的重要参与方之一，需提前对项目进行整体的安全、进度和质量把控，每周要求施工单位、监理单位参与进行常规检查，每两周进行半月度检查，每月进行月度检查，邀请专家对项目从安全、质量等角度进行全面检查，并要求施工单位也参与其中，对项目出现的问题逐一立项，遇到重难点问题，提前联系相关专家对项目疑难杂症进行全面分析并提供解决方案。项目从外到内每一项都要落实 HSE 管理内容。

1. 文明施工与现场环境管理

（1）施工现场污染控制

1）减少水土污染。保证施工现场道路平整，保证无浮土、无积水；对现场化学物品集中保管，做防渗、污、冒、漏措施处理。

2）减少噪声污染。合理安排施工工序及作业时间，对强噪声作业设备采取隔声操作；定期进行文明施工现场对噪声控制要求的检查与考核。

3）防治光污染。合理布置现场临时照明，从对各阶段拟采用的光源形式、布设地

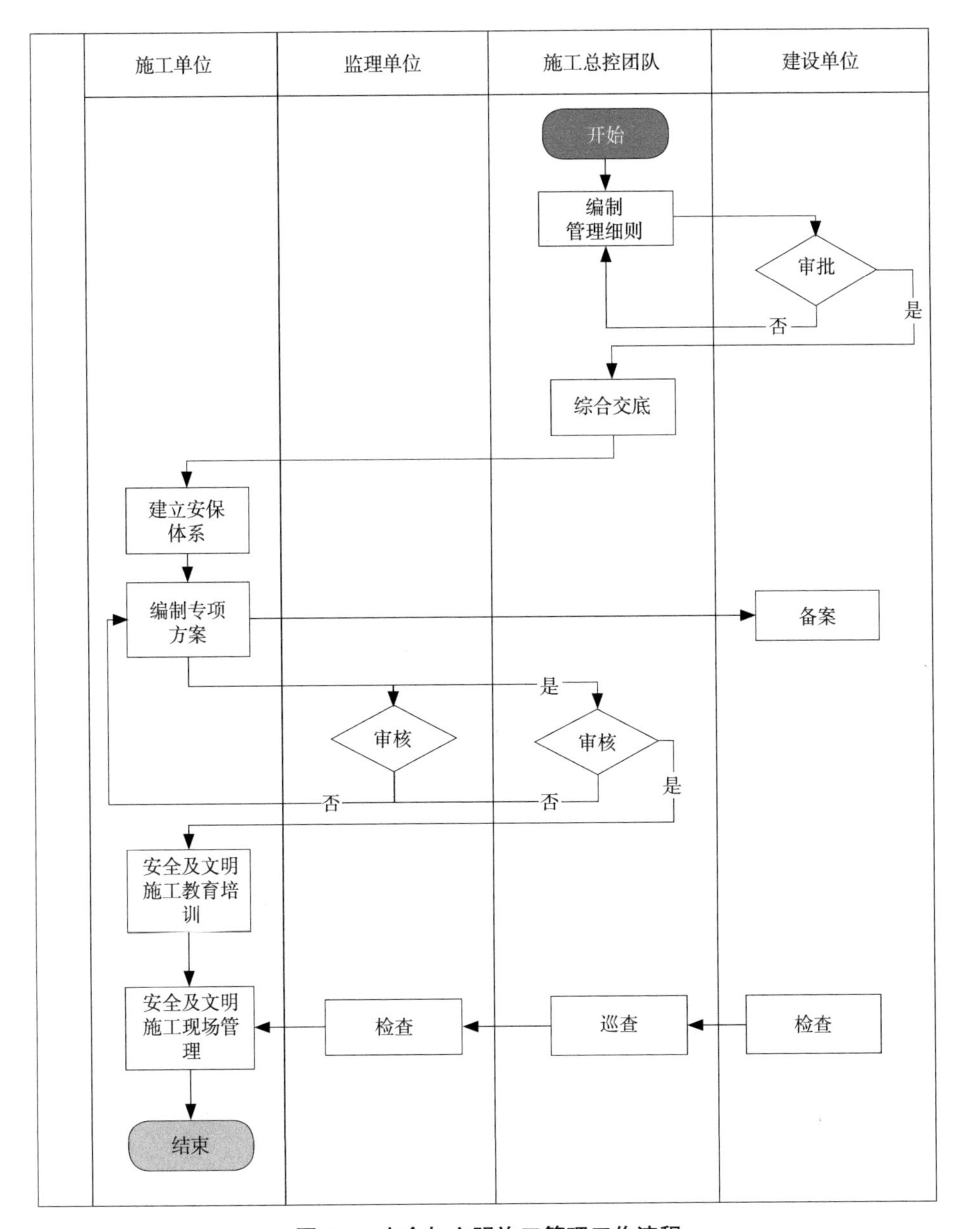

图 6-4　安全与文明施工管理工作流程

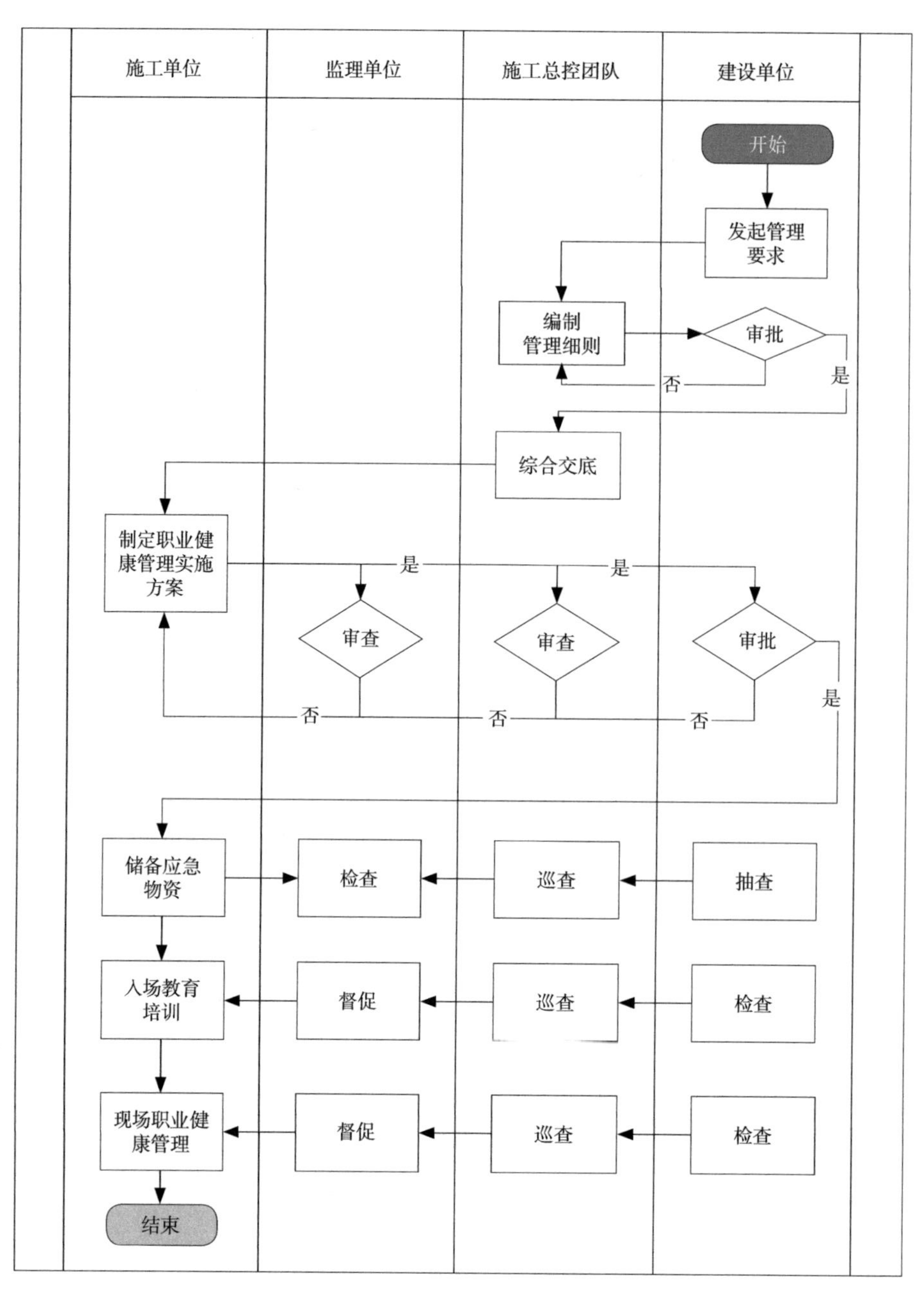

图 6-5 职业健康管理工作流程

点、照明角度及对环境的影响等各方面综合协调考虑。

4）规范污水排放。施工现场施工污水排放需经三级沉淀并符合环境排放标准后方能排入市政管网（包括井点降水及地库排水），三级沉淀的清水池容积不小于 $10m^3$，污水进入市政管网前应按规定设置格栅井。

5）防治扬尘污染。施工现场道路采取场地硬化配合绿化措施，车辆出入口位置设置车辆冲洗装置，土方运输采用全封闭运输车辆，所有车辆离开前必须清理干净车身及车胎后准予出入，定时对现场及场外进行洒水降尘。

（2）施工现场绿色节能措施

1）建筑垃圾的减量化与再利用。回收施工和振捣过程中撒在模板外面的混凝土碎料，加入适量的黄砂、水泥，制作预制板作为现场材料堆场的地坪。

2）节能节电措施。施工现场及临时宿舍内用电布置均需通过用电量及导线截面计算，并安装漏电保护器，做到一户一闸；电路中使用分路电源过载保护器；生活区需安装并使用太阳能热水器，容量需满足所有工人夏季洗浴功能；塔式起重机、职工宿舍、办公室、食堂分别安装电表单独计量，根据用电指标确定每月的用电量；在每个电源开关旁张贴标语，宣传节能意识，养成节约用电习惯。

3）节水措施。

4）节材措施。

（3）消防责任制度

施工现场必须建立消防安全责任制度，确定消防安全责任人，制定用火、用电、使用易燃易爆材料等各项消防安全管理制度和操作规程，设置消防通道、消防水源，配备消防设施和灭火器材，并在施工现场入口处设置明显标识。

（4）水土保持管理

1）需编制水土保持方案的项目。在本市水土保持规划确定的水土流失易发区开办可能造成水土流失的生产建设项目，生产建设单位应当编制水土保持方案。

2）水土保持方案内容。水土流失防治的责任范围，包括生产建设项目永久占地、临时占地以及对周边造成直接影响的范围；明确水土流失防治目标，制定水土流失防治措施，保证水土保持投入，以及满足其他有关水土保持应当说明的情况。

3）“三同时”要求。依法应当编制水土保持方案的生产建设项目中的水土保持设施，应当与主体工程同时设计、同时施工、同时投产使用。

4）报送要求。建设方保持监测情况报送原审批水土保持方案的行政主管部门，保证监测质量。

5）自验要求。依法应当编制水土保持方案的生产建设项目竣工验收前，生产建设单位应当自行或者委托相关专业单位组织水土保持工程的自验工作，并形成自验报告。

（5）施工现场主要设施管理

1）施工铭牌。施工单位应当在施工现场醒目位置，设置施工铭牌。施工铭牌应当标明下列内容：建设工程项目名称、工地范围和面积；建设单位、设计单位和施工单位的名称及工程项目负责人姓名；开工、竣工日期和监督电话；夜间施工时间和许可、备案情况；文明施工具体措施；其他依法应当公示的内容。

2）施工围挡。新建围挡应采用PVC板、金属板、预制构件等轻型硬质材料，应可周转、可拆卸、可重复使用，并满足硬度及耐燃性要求。禁止采用非绿色建材黏土类砖块材料。围挡设置应满足抵抗防御8级风力的要求。围挡设置应挺直、整齐划一、清洁美观和无破损，外观应与周围环境协调。施工单位应定期对围挡进行养护、维修，保持完好、整洁和美观。围挡顶部禁止架设硬质广告牌、标识标牌等存在高空坠物风险的设施。

3）脚手架。施工现场脚手架外侧应当设置整齐、清洁的绿色密目式安全网。脚手架杆件应当涂装规定颜色的警示漆，并不得有明显锈迹。

（6）施工现场对周围地区影响的控制

1）夜间施工。需要在夜间22时至次日凌晨6时施工的，施工单位应当根据相关规范的有关规定，向环境保护管理部门或者市建设交通行政管理部门办理夜间施工有关手续，并提前在周边区域予以公告。

2）影响基本生活的突发事件。施工需要停水、停电、停气等可能影响到施工现场周围地区单位和居民的工作、生活时，应当依法报请有关行政主管部门批准，并按照规定事先通告可能受影响的单位和居民。因施工导致突发性停水、停电、停气的，施工单位应当立即向相关行政管理部门报告，同时采取补救措施。

2. 安全生产、职业健康与应急事件管理

在建设单位及施工总控团队统一组织策划下，所有参建单位须结合目前的管理架构及项目实际情况，建立各阶段各项安全生产管理和安全生产管理规章制度办法，明确各项安全生产管理程序与相应的分工以及安全生产管理工作，有针对性地规范项目的职业健康安全状况和人员职业健康安全行为。

（1）危险性较大分部分项工程（以下简称危大工程）管理

1）危大工程管理程序及危大工程安全管理资料需齐全，包括审批手续、论证报告、方案交底、安全技术交底、现场验收记录、巡视记录、隐患排查整改记录等；施工单位需编制危大工程清单，且危大工程清单要及时更新；监理单位按规定建立危大工程安全管理档案。

2）设计单位应当在设计文件中注明涉及危大工程的重点部位和环节，提出保障工程周边环境安全和工程施工安全的意见，必要时进行专项设计。

3）工程开工后，总承包单位应对照工程施工图进一步审核审定危大工程清单，由总承包单位项目负责人通过“安全生产标准化系统”的“危险性较大分部分项工程”栏目填报本工程涉及的所有危大工程相关信息，包括类别名称、危险性程度、范围、拟开始日期、分包单位等基础信息、专家论证信息以及相关过程管理信息等内容。

4）监理单位应当对施工单位上报的危大工程信息进行审核，在施工监理过程中实施危大工程监理专报制度。

5）施工单位应当在危大工程施工前组织工程技术人员编制专项施工方案。实行总承包的，专项施工方案应当由总承包单位组织编制。专项施工方案应当由施工单位技术负责人审核签字、加盖单位公章，并由总监理工程师审查签字、加盖执业印章后方可实施。

6）对于超过一定规模的危大工程，施工单位应当组织召开专家论证会对专项施工方案进行论证，并出具论证报告。专家论证前专项施工方案应当通过施工单位审核和总监理工程师审查。以下人员应参加专家论证会议：建设单位项目负责人或技术负责人；监理单位项目总监理工程师及专业工程师；施工单位企业技术负责人、项目负责人、项目技术负责人、专项方案编制人、项目专职安全生产管理人员；勘察、设计单位项目技术负责人及相关人员。

7）专项施工方案实施前，编制人员或者项目技术负责人应当向施工现场工程建设单位项目经理，工程施工单位项目经理、安全员、质量员、施工员，工程监理单位总监理工程师、专业监理工程师等管理人员进行方案交底。

8）施工单位应当在施工现场显著位置公告危大工程名称、施工时间和具体责任人员，并在危险区域设置安全警示标志。

9）施工条件验收应当在危大工程实施前进行。施工条件应包括前期管理程序及环境、人员、设施设备等保障措施。施工条件验收应由施工单位项目负责人依据企业相关规章制度和专项施工方案要求，组织企业技术、施工、安全等职能部门责任人及分包单位等实施，总监理工程师及相关监理工程师审核。对于超过一定规模的危大工程的施工条件验收，应有企业技术、施工、质量、安全等职能部门相关负责人参加验收。

10）危大工程实施期间，危大工程施工单位应当对施工作业人员进行登记，记录作业人员姓名、作业时间、作业部位和带班负责人等信息，并将登记表于班前交总承包单位备案。

11）危大工程实施期间，项目负责人应实施带班生产，落实各岗位安全生产责任。项目专职安全生产管理人员应当对施工条件保持情况进行现场监督，并填写监督记录表。

12）监理单位应当结合危大工程专项施工方案编制监理实施细则，并对危大工程施工实施专项巡视检查，并抽查人员登记、带班、现场监督巡视情况，形成监理专报。

13）模板工程及支撑体系、脚手架工程、起重机械安装拆卸工程等安全生产设施设备类危大工程，以及专项施工方案中要求验收的工程，应由方案编制人员组织相关岗位及分包单位进行验收，经施工单位项目技术负责人及总监理工程师签字确认后，方可进入下一道工序。

14）危大工程验收人员应当包括：总承包单位和分包单位技术负责人或授权委派的专业技术人员，以及项目负责人、项目技术负责人、专项施工方案编制人员、项目专职安全生产管理人员和相关人员；监理单位项目总监理工程师及专业监理工程师；有关勘察、设计和监测单位项目技术负责人。

15）危大工程验收合格后，施工单位应当在施工现场明显位置设置验收标识牌，公示验收时间及责任人员。

16）施工单位、监理单位应当建立危大工程安全管理档案。施工单位应当将危大工程清单及其安全管理措施、专项施工方案及审核、专家论证、人员登记、交底、现场检查、验收及整改等相关资料纳入档案管理。监理单位应当将监理实施细则、专项施工方案审查、专项巡视检查、验收及整改等相关资料纳入档案管理。

（2）临时用电管理

施工用电设备情况，包括三级配电，二级漏电保护，用电设备需要做到“一机一闸，一漏一箱”；各阶段临时用电工程验收记录与现场临时用电方案一致。针对不同阶段对临时用电验收记录、验收人员进行详细监督与检查；现场临时用电需保证与临时用电方案一致，且保证其使用的规范性。

（3）消防安全管理

现场消防设备配备齐全，包括临时消防设施的灭火器、临时消防给水系统、应急照明等设备齐全且有效。

可燃物及易燃易爆危险品管理符合规范，现场可燃物和易燃易爆物品需分类存放和管理；现场动火作业审批程序和现场实际动火作业保持一致，落实动火作业的防火措施，动火作业旁需设置消防器材，且监护人员到位；现场安全通道保持畅通，保证临时消防车道及临时疏散畅通。

（4）机械设备管理

1）设备进场及安装前主要部件需准备验收资料。

2）安装前保证基础的验收资料，包括：基础制作符合说明书要求或已经计算并通过相关方审批，基础隐蔽工程验收，混凝土的强度符合要求等。

3）大型机械设备需具备检测报告。

4）大型设备使用前出具验收记录。验收参加单位包括：监理单位、产权单位、安装单位、使用单位。

5）大型设备须进行维修保养记录和月检记录。

6）确保机械设备现场安全使用情况。

7）监理单位需对建筑施工机械使用进行监督并形成检查记录。

（5）现场防护设施管理

现场防护设施情况，包括"四口"及"五临边"等情况。楼梯口、电梯井口、预留洞口、通道口等各种洞口的防护应符合要求，必须搭设符合要求的防护棚，并设置醒目的标志。加强深基坑、阳台、雨篷、楼板、屋面、卸料平台等临边部位的防护。

（6）职业健康管理

施工企业要树立"安全第一、预防为主"的思想，加强建筑工人施工现场劳动保护配置管理，保障从业人员身体健康和生命安全，提升施工安全和劳动保护水平，减少和消除事故伤害和职业病危害。施工企业及劳务企业要为本企业建筑工人配备统一劳动着装和劳动技术装备，严禁工人自备劳动保护用品。

凡进入施工现场的相关人员，必须穿戴及佩戴相应的个人劳动防护用品。对从事具有职业病危害作业的人员，应在上岗前接受防护知识教育和在岗期间的职业卫生培训。指导员工遵守职业健康法规、制度和规程；正确使用劳动防护用品。

加强对进场的安全防护用品及防护设备的管理，必须采用国家有关部门认可的产品，应对产品进行合格验收及存档备查。

凡进入施工现场的施工工人，须提前向施工总包单位申请"施工人员信息铭牌"并粘贴于安全帽一侧。"铭牌"分为一般作业人员与特殊工种作业人员两类，使用不同颜色区别设置，可以实现施工现场内人员的快速识别和管理（图 6-6）。

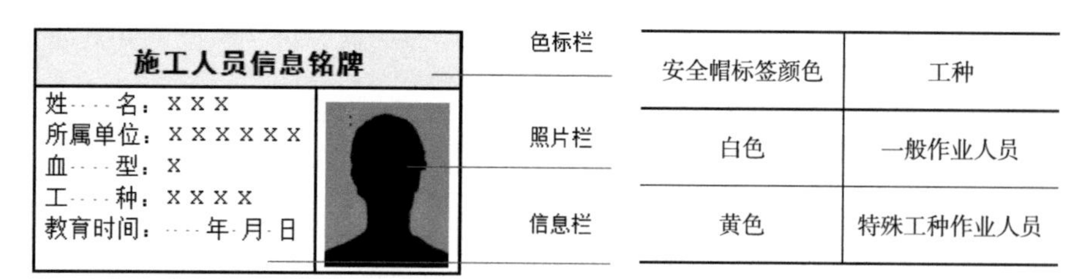

图 6-6　施工人员信息铭牌

施工人员信息铭牌制作要求：为不干胶印刷成品，采用现场一次整体打印形式（不可后期修改），能防水时不褪色。

凡进入施工现场的相关人员，必须穿戴及佩戴长袖长裤服装、反光背心、安全帽及防砸鞋，严禁穿拖鞋、高跟鞋或赤脚进入施工现场；对进入施工现场的施工人员必须进行入场教育和技术培训，经考试合格后方可施工，各类特种作业人员必须持合格操作证上岗。具体要求见表 6-4。

进入施工现场施工人员基本配置要求　　表 6-4

	工种	配置要求
一般要求	全部施工人员	安全帽、安全鞋、反光背心
特别要求（在一般要求基础上）	电焊（切割）工	绝缘手套、绝缘鞋、电焊面罩、防护服
	电工	绝缘手套、绝缘鞋
	架子工	安全带、安全鞋
	登高作业人员	安全带、安全鞋
	混凝土工、泥瓦工	耐酸碱鞋、耐酸碱手套
	钢筋工	安全鞋
	木工	防割手套、防尘眼罩、防尘口罩
	油漆工	防毒口罩、防毒面具、手套
	石工	防飞溅眼镜、安全鞋

（7）应急事件管理

突发事件包括自然灾害、事故灾难、公共卫生事件、社会安全事件等。为及时对项目突发事件进行有效的处置，避免事态的扩展，需制定应急事件管理细则，建立包含建设单位、施工总控团队、监理单位、施工单位等各参建单位的应急事件处置管理体系。

6.4　第三方巡查

6.4.1　第三方巡查的意义

为更好地实现项目“高质量”“高标准”“高要求”的建设目标，强化各参建单位的建设行为管理，确保各项目按计划、高品质建成，可通过施工总控团队或其他项目管理团队实施项目群第三方巡查进行过程的实施跟踪，维系建设项目整体形象，确保建设目标的实现。

引入第三方巡查的最终目的是通过巡查督促，引导建设工程参建单位主体责任的落实，规范化建设与服务水平，提升项目品质；同时加强相关问题的提出与协调解决，在建设工程重大危险源和技术风险的识别、控制方面发挥作用，做到早发现、及时制止，进一步提高进度、界面等方面的总控效果。

6.4.2　职责分工与工作流程

1. 职责分工

第三方巡查工作由施工总控团队负责牵头组建独立于区域项目群各项目的第三方巡查组。第三方巡查依托施工总控后台支撑及建设单位的指导，以保证巡查任务的有效实施，施工总控团队制定相关巡查方案与考核标准，开展月度 / 专项巡查工作，进行考评工作汇总，并经建设单位组织开展考评会议，监理单位与施工单位配合整改（表 6-5）。

第三方巡查管理职责分工　　表 6-5

第三方巡查工作内容	职责分工			
	建设单位	施工总控团队	监理单位	施工单位
制定方案与考核标准	审批 / 发布	编制	执行	执行
月度、专项巡查工作	审批	巡查	配合	配合
考评工作	审批	组织 / 审核	监管 / 整改	整改

2. 工作流程（图 6–7）

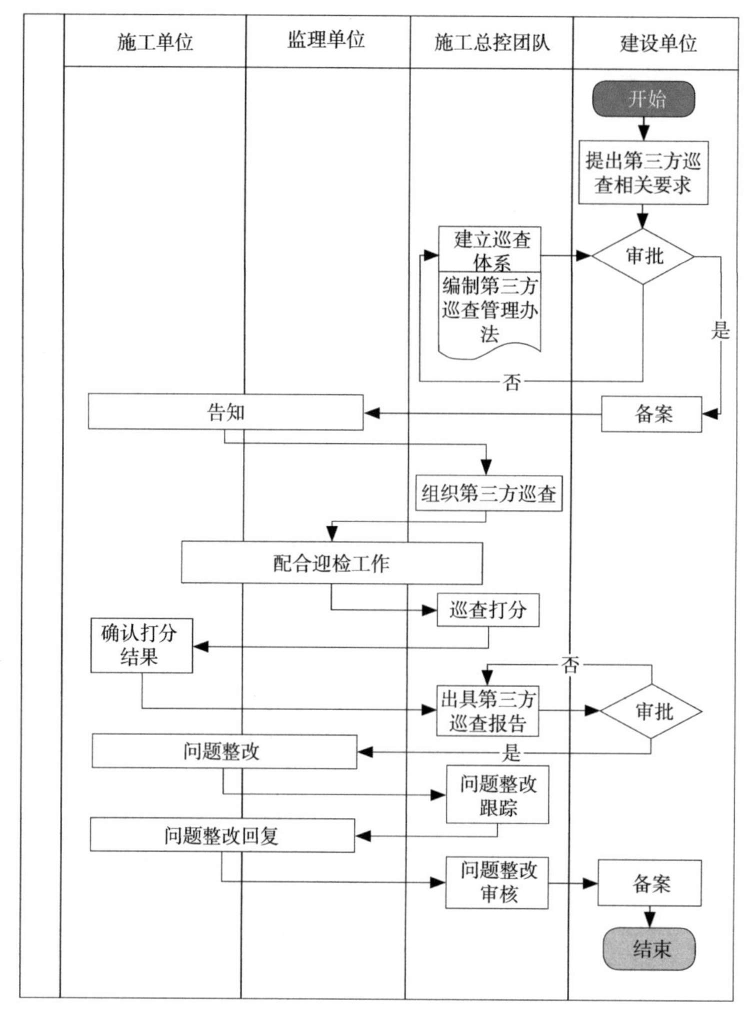

图 6-7 第三方巡查管理工作流程

6.4.3 第三方巡查的内容

第三方巡查的工作内容主要包括进度检查、行为检查、安全检查、质量检查和文明施工检查几个方面。另外，根据项目管理要求以及建设项目所处不同阶段，也可以适时组织各类专项检查，如复工专项检查、季节性专项检查、节假日专项检查等，对日常检查工作进行补充。

1. 进度检查

工程进度，是工程进行的速度。进度计划根据签订的承发包合同，将工程项目的建设进度做进一步的具体安排。进度计划可分为：设计进度计划、施工进度计划和物资设备供应进度计划等。施工进度计划可按实施阶段分为年、季、月等不同阶段的进度计划；也可按项目的结构分解为单位（项）工程、分部、分项工程的进度计划。

工期分为建设工期与合同工期。建设工期是指工程项目或单项工程从正式开工到全部建成投产或交付使用所经历的时间。建设工期一般按日历月计算，有明确的起止年月，并在建设项目的可行性研究报告中有具体规定。建设工期是具体安排建设计划的依据。合同工期是指完成合同范围工程项目所经历的时间，它从承包商接到监理工程师开工通知令的日期算起，直到完成合同规定的工程项目的时间为止。监理工程师发布开工通知令的时间和工程竣工时间在投标书附件中都已作出了详细规定，但合同工期除了该规定天数外，还应计算因工程内容或工程量的变化、自然条件不利的变化、业主违约及应由业主承担的风险等不属于承包商责任事件的发生，且经过监理工程师发布变更指令或批准承包商的工期索赔要求，而允许延长的天数。

建设工程项目的顺利实施离不开各方面的共同努力，因此每一个参与单位都有各自的进度管理任务。但由于相关利益有所不同，其管理的目标和时间范畴也有所区别。业主方进度控制的任务是控制整个项目实施阶段的进度，包括控制设计准备阶段的工作进度、设计工作进度、施工进度、物资采购工作进度及项目动工前准备阶段的工作进度。设计方进度控制的任务是依据设计任务委托合同对设计工作进度的要求控制设计工作进度，这是设计方履行合同的义务。施工方进度控制的任务是依据施工任务委托合同对施工进度的要求控制施工进度，这是施工方履行合同的义务。供货方进度控制的任务是依据供货合同对供货的要求控制供货进度，这是供货方履行合同的义务。

进度检查就是对参建各方的施工进度进行动态检查和控制，在建设过程中及时发现并纠偏，确保进度目标如期完成。

2. 行为检查

工程建设是一个复杂的过程，需要各方责任主体相互协作，依法依规共同去完成整个项目的建设。因此，对于行为检查来说，加强对各方责任主体行为的检查就显得尤为重要，行为检查者需要根据建设工程的各方责任主体，如建设单位、施工单位、监理单位、设计单位、勘察单位等的行为展开相应的检查工作。例如：检查建设单位的开工手续是否完善；检查施工单位的各类报审手续是否齐全，工程分包、设备材料供应商是否满足相应资质条件；检查监理单位的监理职责是否履行，监理规划是否完善；检查设计单位设计文件是否及时、科学；检查勘察单位的前期勘察是否全面等。行为检查最终要为建设工程项目的顺利实施保驾护航。

行为检查就是对参建各方的行为管理情况进行动态检查，在建设过程中及时发现并纠偏，确保管理目标如期完成。

3. 安全检查

安全检查应该包括生产过程中涉及的计划、组织监控、调节和改进等一系列致力于满足生产安全所进行的管理活动。安全检查的目的是在生产活动中，通过安全生产的管理活动，对影响生产的具体因素进行状态控制，使生产因素中的不安全行为和状态尽可能减少或消除，且不引发事故，以保证生产活动中人员的安全。对于建设工程项目，安全检查的目的是防止和尽可能减少生产安全事故、保护产品生产者安全、保障人民群众的生命和财产免受损失；控制影响或可能影响工作场所内的员工或其他人员的安全条件和因素；避免因管理不当对在组织控制下工作的人员安全造成危害。具体应包括：（1）减少或消除人的不安全行为；（2）减少或消除设备、材料的不安全状态；（3）改善生产环境和保护自然环境。

建设行业安全问题一直是重要问题。由于建筑工程项目施工过程复杂、施工人员多且流动性强、交叉作业频繁等，导致安全事故多发、频发。建筑市场竞争大，部分施工企业为了获取更大利润，极力压缩施工成本，减少施工安全生产费用的投入，使得建筑工程施工安全问题持续存在，解决难度增大，安全生产形势不容乐观。

安全检查就是对参建各方的安全生产管理情况进行动态检查，在建设过程中及时发现并纠偏，确保安全目标如期完成。

4. 质量检查

工程项目质量是指工程满足业主需要，且符合国家法律、法规、技术规范标准、设计文件和合同文件要求的成果。通常包括如下主要内容：（1）在项目前期工作阶段设定项目建设标准、确定工程项目质量要求；（2）保证工程结构设计和施工的安全性；（3）对材料、设备、工艺、结构质量提出耐久性的要求；（4）对工程项目的形象设计、项目建造运行费用及维护性、检查性提出要求；（5）要求工程投入使用后生产的产品达到预期质量要求，工程适用性、效益性、安全性、稳定性达到要求。

工程项目建设是一个复杂的综合过程，而且工程项目具有单项性、一次性、使用寿命长久性及项目位置固定、生产流动、结构类型复杂、体积大、整体性强、建设周期长、涉及面广、受到自然条件影响大等特点，因此工程项目质量相对于其他产品而言更加难以控制。因此，工程建设过程中的质量检查就显得更加重要。工程项目质量检查就是为达到工程项目质量要求所采取的作业技术和活动。在工程项目实施过程中，检查项目建设参与各方包括建设单位、设计单位、施工单位和材料设备供应单位的工程项目质量控制情况。

建筑工程的实体质量对建筑物投入使用后的安全性及使用功能至关重要，因而预控有关建筑工程项目的实体质量也是第三方检查服务的重要目的。目前，国家实行五方责任主体负责制，勘察设计方的工作质量主要表现在勘察报告及设计图纸的质量，施工方的责任主要在分部分项工程及单位工程是否合格并验收签字；第三方对实体工程主要检查施工及监理单位的工作质量，其重点检查内容包括：工程施工监理资料是否完善齐全，分部分项工程质量是否合格，是否存在影响使用功能的质量缺陷等。针对发现的质量问题，列出清单并提交委托方。

质量检查就是对参建各方的质量管理情况进行动态检查，在建设过程中及时发现并纠偏，确保质量目标如期完成。

5. 文明施工检查

项目文明施工是指保持施工场地整洁、卫生，施工组织科学，施工程序合理的一种施工活动。实现文明施工，不仅要着重做好现场的场容管理工作，而且还要相应做好现场材料、设备、安全、技术、保卫、消防和生活卫生等方面的管理工作。一个工地的文明施工水平是该工地乃至所在企业各项管理工作水平的综合体现。文明施工主要包括以下几个方面。

（1）施工现场环境保护。建设工程项目必须满足有关环境保护法律法规的要求，在施工过程中注意环境保护。环境保护对企业发展、员工健康和社会文明有重要意义。环境保护是按照法律法规、各级主管部门和企业的要求，保护和改善作业现场的环境，控制现场的各种粉尘、废水、废气、固体废弃物、噪声、振动等对环境的污染和危害。

（2）施工现场职业健康安全卫生要求。根据我国相关标准，施工现场职业健康安全卫生主要包括现场宿舍、现场食堂、现场厕所、其他卫生管理等内容。施工现场的卫生与防疫应由专人负责，全面管理施工现场的卫生工作，监督和执行卫生法规规章、管理办法，落实各项卫生措施。

（3）绿色施工执行情况。绿色施工是指工程建设中，在保证质量安全等基本要求的前提下，通过科学管理和技术进步，最大限度地节约资源并减少对环境负面影响的施工活动，实现节能、节地、节水、节材和环境保护（四节一环保）。实施绿色施工，应依据因地制宜的原则贯彻执行国家、行业和地方相关的技术经济政策。绿色施工应是可持续发展理念在工程施工中全面应用的体现，绿色施工并不仅是指在工程施工中实施封闭施工，没有尘土飞扬，没有噪声扰民，在工地四周栽花、种草，实施定时洒水等这些内容，它涉及可持续发展的各个方面，如生态与环境保护、资源与能源利用、社会与经济的发展等内容。

文明施工检查就是对参建各方的文明施工行为管理情况进行动态检查，在建设过程中及时发现并纠偏，确保文明施工目标如期完成。

6. 检查流程

（1）确定范围

第三方巡查仅覆盖建设区域内各在建项目，并针对施工阶段项目进行。根据当前项目建设情况，拟定巡查项目清单：序号（1，2，3……），项目名称（××地块……），项目类型（建筑工程……），项目阶段（基坑工程、主体结构、装饰装修、室外总体……）等，清单将根据项目建设开展情况进行更新补充。

（2）制订计划

月度巡查一般于每月最后一周开始实施（视具体情况调整），对所有在建项目进行全数考评打分。巡查前一周编制月度巡查计划，向业主报备；巡查采用飞行检查方式，巡查计划不予提前通知。

专项巡查按需开展，一般提前通知考评项目部，向业主报备。其中，进度及危大工程专项（建设中期阶段开始）巡查于每月中旬实施，由施工总控各项目对接人员自行与施工单位、监理单位商定时间安排巡查。

（3）检查对象

第三方巡查对象以项目为单位，对各项目勘察单位、设计单位、施工单位、监理单位等参建单位的工作同时进行考评，考评结果（分数）为该项目结果。

（4）工作流程

第三方巡查工作流程，制定月度/专项巡查计划（巡查前一周内），组建巡查组，收集巡查项目信息资料，项目巡查实施，现场反馈巡查情况（检查当日），编制月度/专项巡查报告（巡查完成后7日内）。

7. 考评方式

（1）考评内容

1）月度巡查评分

月度巡查表分为进度计划、行为管理、安全管理、施工质量、文明施工5个考核模块。

巡查结果采用定量考评方式，由施工总控团队根据巡查评分表对各参评地块进行统计，总分100分制。考评得分获得80分及以上为优秀，70～80分（含70分）为良好，60～70分（含60分）为较差，60分以下为不及格。在月度总控巡查会议中，将对考评为优的项目部进行表扬，对考评为差的项目部进行批评警告。

2）专项巡查评分

专项巡查考评内容依据项目管理需求制定，可采用定性评价或定量考核方式。

考评实施过程中，除关注现场施工过程中存在的问题，同时对点、面中做得较好的地方进行相关资料收集（照片、工艺工法、管理办法等），以便进行区域内的推广，进而达到特色明显、协同进步的目的。

3）检查表格

检查表格详见表6-6。

（2）巡查考评评分标准

经充分分析和讨论各建设项目特点和相关要求，初步拟定第三方巡查考核标准。具体标准如下：

1）进度计划（10分）；

2）行为管理（25分）；

3）安全管理（30分）；

4）质量管理（25分）；

5）文明施工（10分）。

项目得分：每次第三方巡查中，从进度管理、行为管理、安全管理、质量管理、文明施工管理五方面对各参建单位进行考核和打分，根据各项目得分情况，划分优良等级，并采取不同管理措施。具体标准如下：

1）每月综合得分80分（含80分）以上的项目，综合考评为优秀；

2）每月综合得分70 ~ 80分（含70分），综合考评为良好；

3）每月综合得分60 ~ 70分（含60分），综合考评为较差；

4）每月综合得分60分以下，综合考评为不及格。

项目部工作情况评价表　　**表6-6**

项目名称：______________　　考评日期：

检查项目	检查内容	存在问题	影像图片	应得分	扣分值	实得分
1. 进度计划（10分）	1.1 是否有总进度计划的分解计划，如年 / 月进度计划					
	1.2 是否有进度偏差分析					
	1.3 现场实际进度与报送形象进度、计划对比，是否出现严重偏差（计划 / 周报 / 现场）					
	一票否决项：项目总进度计划未编制					

续表

检查项目	检查内容	存在问题	影像图片	应得分	扣分值	实得分
2. 行为管理（25 分）	2.1 项目部关键岗位人员（项目经理、技术负责人、质量员、安全员、施工员、材料员、资料员等）到岗履职情况					
	2.2 监理单位关键岗位人员（总监理工程师、总监理工程师代表、安全监理等）到岗履职情况					
	2.3 施工组织设计编审和专项工程（含危大工程）开工条件（经审图合格的设计图纸、分包单位资质、专项施工方案、材料、测量复核、危大清单、专家论证等）					
	2.4 监理单位编制审批监理规划、实施细则和安全监督方案并交底					
	2.5 通报批评、行政处罚以及相关部门投诉					
	2.6 安全防护、文明施工措施费台账					
	2.7 工人实名制和卫生防疫管理（出入口健康观察点设置、进场人员健康登记、定期消毒记录和体温测量记录）					
3. 安全管理（30 分）	3.1 机械设备管理：大型机械设备使用前验收记录、检测机构出具的检测报告、大型机械设备维保记录、每月定期检查记录					
	3.2 临时用电管理：施工用电设备三级配电，二级漏电保护，用电设备做到“一机一闸，一漏一箱”；各阶段临时用电工程验收记录并与现场临时用电方案一致					
	3.3 现场（如“三宝、四口、五临边”等）防护设施到位					
	3.4 特殊工种持证上岗					
	3.5 消防安全管理：临时消防设施（灭火器、临时消防给水系统、应急照明等）设置；可燃物及易燃易爆危险品管理；动火作业的防火措施落实；临时消防车道及临时疏散畅通					
	3.6 应急管理：防汛防台、基坑抢险等专项应急物资是否配备到位					
	3.7 实体安全					
	3.8 危大工程管理					
	一票否决项：发生生产安全事故					
4. 质量管理（25 分）	4.1 工程材料设备					
	4.2 分部分项工程实体质量					
	4.3 工程验收					
	4.4 监理报告及指令					

续表

检查项目	检查内容	存在问题	影像图片	应得分	扣分值	实得分
5. 文明施工（10分）	5.1 边界及出入口设置：围墙高度大于 2.5m、围墙外观清洁美观；出入口管理、进出车辆冲洗装置、施工铭牌设置					
	5.2 施工防护设置：脚手架、防护网、防护棚设置					
	5.3 施工区域设置：材料堆放、场地硬化、排水畅通、道路整洁					
	5.4 施工环保控制：垃圾分类、噪声及扬尘现场防治措施及监测装置配备					
总分						
检查组签字						
签收	施工项目经理			总监理工程师		

6.5 信息管理

6.5.1 信息管理的意义

信息管理为合理分类、整合、处置、分享项目建设过程中产生的所有信息（各种数据、表格、图纸、文字、音像资料等），促进各部门、单位之间迅速准确地传递信息、全面有效地管理信息，保证项目信息畅通并且能够客观地记录和反映项目建设的整个历史过程。信息管理可以有效地指导和控制项目实施，实现项目质量、进度等目标。

1. 提高管理效率

通过将管理和信息技术相结合，实现信息流程的数字化、自动化和标准化，极大提高管理效率。

2. 优化资源配置

帮助各参建单位快速了解各个部门的资源情况，从而更加合理地配置资源。

3. 提升决策水平

通过信息化管理，快速获得各种信息和数据，进行数据分析和决策支持，从而更加科学地制定决策和战略。

4. 提高服务质量

通过信息化管理，建立各参建单位管理系统，快速响应建设单位需求，提供更加个性化、高质量的服务。

通过加强施工总控的信息管理，准确、及时、可靠的信息反馈在为建设单位提供决策依据、对管理环节进行实时监控、提高建设工作效率和工作质量等方面都发挥着不可低估的作用。

6.5.2 职责分工与工作流程

1. 职责分工

为促进相关各方的信息传递与沟通协调，解决建设单位、各施工单位、监理单位等多方建设信息交互，避免出现因信息不对称影响项目正常建设推进的情况，需建立健全有效的信息管理体系，实现项目群建设信息动态集成（表 6-7）。

信息管理职责分工 表 6-7

序号	信息管理工作内容	建设单位	施工总控团队	设计单位	监理单位	施工单位
1	建立项目信息管理体系，制定信息管理流程、发布制度	审核	编制	实施	实施	实施
2	协助建设单位做好建设过程中信息（包括施工现场及时信息）的收集、整理和分发	审核	组织 / 跟踪	实施	实施	实施
3	协助建设单位实现项目间信息共享、沟通	审核	组织 / 跟踪	实施	实施	实施
4	协助建设单位归档建设阶段信息，实现信息的积累和共享，为后续项目运营提供建设期数据	审核	组织 / 跟踪	实施	实施	实施

2. 工作流程（图 6–8）

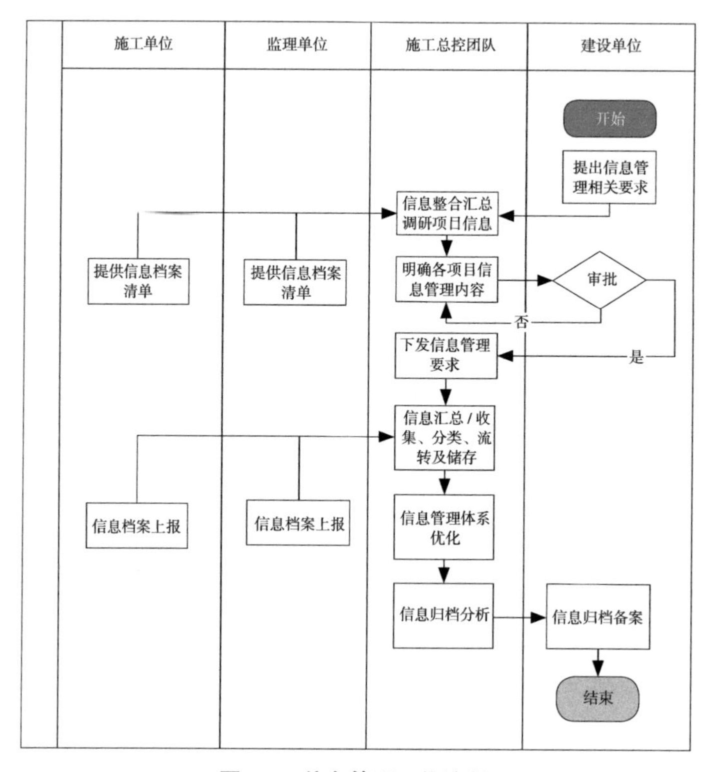

图 6-8 信息管理工作流程

6.5.3 信息管理的内容

区域开发项目群存在较多建设参与方，多方建设信息交互，易出现信息不对称现象进而影响项目的正常建设推进。总控应将多方参建单位的信息进行统一调配管理，通过分类、整合、处置、分享的流程，使繁杂的项目信息可以在各方单位中高效、准确地流通，避免信息孤岛的情况（图 6-9）。

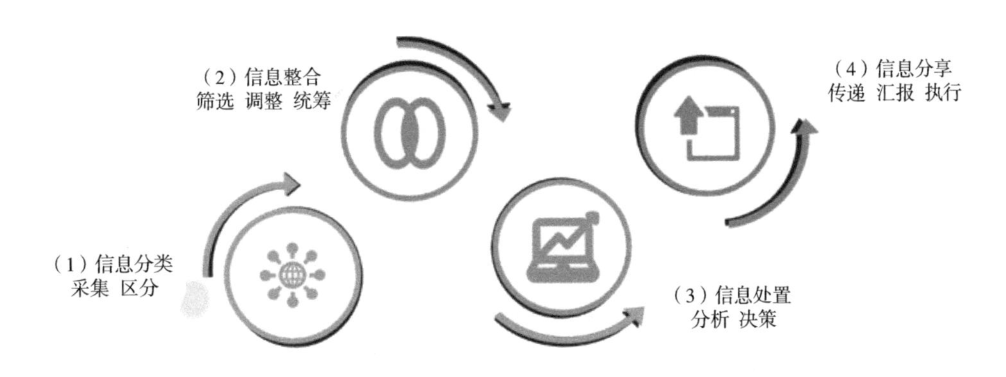

图 6-9　信息管理的内容

1. 信息分类

（1）分类原则

1）实用性。实用性是指分类从总控工作内容出发，进行信息采集，提升信息管理的效率，有效辅助总控工作的开展。

2）精准性。精准性是指分类时对信息进行初步识别，排除无效信息的采集，减少信息管理的工作量，为后续信息整合、信息处置、信息分享打好基础。

3）兼容性。兼容性是指分类时，尽量使得不同信息系统下的分类标准协调一致。

（2）分类办法

按照项目建设阶段划分为三大类，分别为施工前期基础工作阶段、建设实施阶段、竣工验收与移交阶段；按照工作板块划分为基础综合信息、计划管理、界面管理、HSE 管理、技术及专题咨询、第三方巡查、竣工验收移交标准以及科研及培训管理。

（3）分类编码

主要用于建设单位施工总控工作中信息系统化、标准化、规范化管理（表 6-8 ~ 表 6-10）。

项目编码表 **表 6-8**

项目名称	编码
建设单位建设项目	JSDW

实施阶段编码表 **表 6-9**

实施阶段	编码
施工前期基础工作阶段	QQJC
建设实施阶段	JSSS
竣工验收与移交阶段	YSYJ

工作模块编码表 **表 6-10**

工作模块	编码
计划管理	JHGL
界面管理	JMGL
……	……

编码举例：JSDW-JSSS-JHGL 为在建设实施阶段的计划管理类信息。

2. 信息整合

对各项目单位信息的整合，准确、系统地管理好基础综合信息资料，可以运用所提供的信息，科学地组织各项工作，建立良好的施工环境，使得各个项目单位在施工中相互配合，互相为对方创造施工条件，为提高工程管理和效益提供更好的服务。

3. 信息处置

（1）标准化原则。在项目的实施过程中施工总控对有关信息的分类进行统一，对信息处置流程进行规范，力求做到格式化和标准化，从施工组织上保证信息传递过程的效率。

（2）有效性原则。项目工程信息应针对不同层次管理者的要求进行适当处置，针对不同管理层提供不同的信息。这一原则是为了保证工程信息对于决策支持的有效性。

（3）时效性原则。考虑到工程实施与控制过程的时效性，工程信息也应具有相应的时效性，以保证工程信息能够及时有效地服务于决策。

（4）大局观原则。确保各方建设信息同步畅通，项目信息及时公平合理地妥善处置，切实顺利完成整体建设。

信息处置成果见表 6-11。

信息处置成果　　表 6-11

信息类别	处置成果
基础综合信息	调研报告
计划信息	施工总控计划 进度偏差分析报告
界面信息	界面管理办法 界面管理规划（临时配套、交通组织、施工临设等） 专题咨询报告
HSE 信息	HSE 管理办法 施工现场出入口管理 文明施工与现场环境管理 安全生产、职业健康与应急事件管理 专题咨询报告
技术及专题咨询信息	专题咨询报告
第三方巡查信息	第三方巡查结果 第三方月度巡查报告
竣工验收移交标准信息	《竣工验收操作指南》 《移交运营使用手册》 《维修及保养手册》
科研及培训管理信息	科研成果

4. 信息分享

在对项目群信息收集、整合、处置的基础上，为使建设过程中各相关单位及部门全面了解项目的建设进程，掌握项目的建设信息，通过信息分享机制能够提高项目信息传递速率，加强不同层级单位及部门间信息的交流与共享，提高信息资源利用率，达到提高项目整体运行效率的目的。

（1）会议沟通

会议沟通主要用于交流分享特定内容的信息和观念，以各类会议形式作为信息分享的方式，能够及时研究和解决工程建设管理中存在的问题，加强多方的信息交流。

会议沟通根据召开时间及频次不同可分为定期会议和专题会议两种。定期会议具有固定的议题、时间、参加人员和会议地点，会议内容主要为根据项目实际进展情况，展示汇报项目阶段性成果，多方交流信息并解决现阶段存在的问题。专题会议一般是指根据项目的实际需要针对性地解决专项问题的临时会议。

为促进相关各方的信息传递与沟通协调，需建立健全有效的项目会议沟通管理体系，项目会议管理体系是由建设单位、施工总控团队、监理单位、施工各项目部共同组织而成。其中包括：

1）建设单位组织、策划、管理和执行项目重大会议、工程例会以及专题会；

2）施工总控团队参与建设单位组织的相关会议，并组织、策划、管理和执行施工总控例会及专题会；

3）监理单位组织、策划、管理并执行监理例会；

4）施工各项目部参与相关会议并执行有关会议决议。

为了更加有效、条理清晰地管理区域开发各项目各类会议，应明确会议职责、会议召开频次、会议管理流程以及会议纪要下发流程，并确定参会单位及人员、会议时间、会议纪律等。

（2）建立报告制度

通过建立报告制度能够实现上下层级、各部门间及时进行信息分享和快速沟通，提高问题解决效率及决策落实效率。

项目报告根据报告周期不同分为定期报告和专题报告两类。定期报告指周报、月报等定期汇报文件，定期报告中应涵盖结合整体进度计划对比分析项目阶段性的运行情况、现阶段需解决的问题、遗留问题的落实情况和下一步项目计划任务。专题报告指针对项目建设过程中影响项目推进且在自身权限内难以解决的重要问题，一般由施工总控团队或监理单位完成后上报建设单位。

为促进相关各方的信息传递与沟通协调，并确保及时准确地掌握并妥善处置紧急重大事项，需建立健全有效的项目报告管理体系。项目报告管理体系是由建设单位、施工总控团队、非直管项目建设单位、监理单位、施工各项目部共同组织而成。其中包括：

1）建设单位通过审阅上报的项目报告及时了解现场施工情况；

2）施工总控团队上报施工总控周报、月报和各类专题报告给建设单位；

3）监理单位定期向建设单位及施工总控团队上报监理周报、月报，并在发现工程存在质量安全事故隐患时及时上报监理报告；

4）施工各项目部按要求定期向建设单位及监理单位上报施工周报并抄送施工总控团队，便于项目的管理工作及时实施。

（3）信息发布及往来联系

明确各部门及各项工作的联系人和联系方式，并设置项目专用邮箱，相关项目信息的沟通分享（如联系函、指令单、会议纪要、报告等文件）可由各方相关信息管理人员负责，文件审批流程完成后方可通过书面报告、项目专用邮箱方式进行发文，发布时间依据相关管理规定及信息产生时间决定。

日常各单位信息管理人员需定期对收发文、重要的来往邮件进行梳理及存储，有助于指导项目的管理工作。

6.6 科研及培训管理

6.6.1 科研及培训管理的意义

1. 推进科研及培训管理制度的标准化

科学研究的管理工作需要依据一定的规范和标准进行。培训有助于科研管理人员深入了解管理制度的相关政策、法规和规定，增强执行力和规范意识，提高管理工作的规范化水平。

2. 提高管理人员的专业能力

管理人员需要具备较高的专业素养和管理能力。培训可以帮助管理人员了解与提升技能，了解新的管理理念和方法，提高工作效率和质量。

3. 强化项目管理和风险管控

项目的管理和风险管控直接关系到项目的顺利实施和成果的取得。管理人员需要具备科学的管理方法和风险识别能力。培训可以提高管理人员的风险管控意识，减少项目管理中的风险和问题发生。

综上所述，科研及培训管理对于推动管理制度的改革与提升具有重要意义。培训内容的设置和方法的选择，将直接影响到管理人员的专业能力和管理水平的提高。

6.6.2 职责分工与工作流程

1. 职责分工

科研及培训管理工作由建设单位、施工总控团队以及其他参建单位组成。施工总控针对科研及培训管理进行全面策划，根据区域开发项目群的各项目的建设特点与建设重难点，施工总控团队依托单位后台专家库，分项目阶段邀请专家开展专业培训，建设单位以及相关参建单位均可参会，提高管理人员的专业素养和管理能力（表 6-12）。

科研及培训管理职责分工　　表 6-12

科研及培训管理工作内容		建设单位	施工总控团队	监理单位	施工单位
培训 / 讲座工作	培训 / 讲座策划	审批 / 组织	策划	参与	参与
	培训 / 讲座安排与准备	组织	组织 / 配合	参与	参与
	培训 / 讲座反馈	参与	组织	参与	参与
课题工作	立项	参与	组织 / 实施	参与	参与
	实施	参与	组织 / 实施	参与	参与
	验收	参与	组织 / 实施	参与	参与
	归档	备案	备案	备案	备案
技术总结丛书		备案	汇总	实施	实施

2. 工作流程（图 6-10）

6.6.3 科研及培训管理的内容

结合片区开发项目建设过程，施工总控团队会从项目建设过程中涉及的领域，例如群管理组织模式、复杂工艺关键技术研究、城市更新、数字化建设平台等方向，牵头进行相关课题的研究策划、申报和实施。另一方面，在项目后期总控团队会开展整理项目涉及的施工工艺技术，形成一套技术总结丛书，为后续相似建设项目提供范本。同时，施工总控团队还会依托建科集团在工程行业的专业性、强大的科研能力、日积月累下来的经验，为建设单位的管理层培养提供支持和帮助（图 6-11）。

1. 培训 / 讲座工作

（1）培训 / 讲座策划

施工总控单位组织开展培训工作，基于建设项目群各项目特点，根据不同阶段的重难点问题，研究总结共性问题与个性问题，通过开展针对性的培训讲座旨在共同探讨与拓展专业技术知识，推进项目群在技术、进度、质量、安全等方面高效且顺利开展工作。

培训讲座将包含项目前期配套、设计管理、施工管理等涉及工程全生命周期各模块的相关专业内容，尤其重点偏于项目的施工管理阶段的专业技术讲座，例如超高层建筑管控要点、深基坑及围护工程管控要点、市政轨交桥梁综合交通管理等。

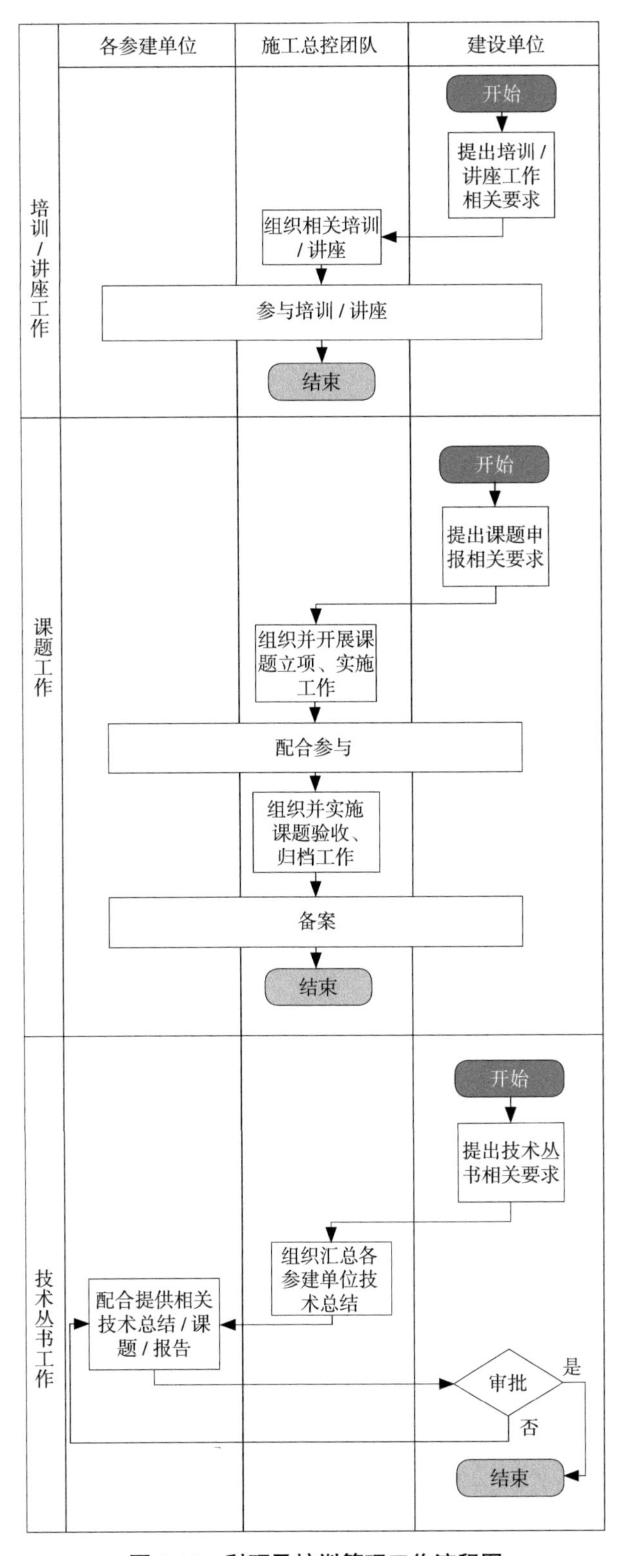

图 6-10　科研及培训管理工作流程图

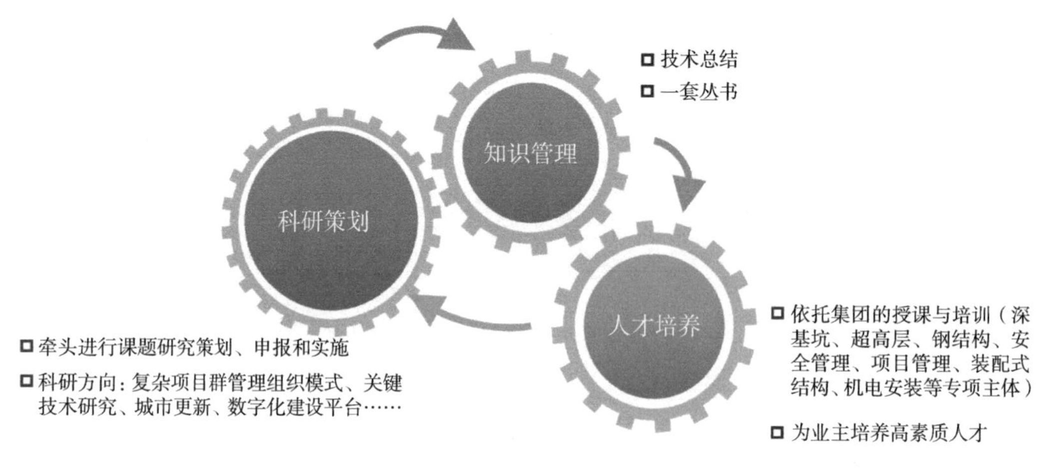

图 6-11　科研及培训管理

（2）培训 / 讲座安排

培训工作将以“定期线下为主 + 不定期线上为辅”的形式开展。

定期培训。根据项目阶段性重难点工作，提前拟定合理培训内容。

不定期培训。结合项目其他相关专业与调研兴趣方向，不定期线上推送培训讲座。

（3）培训 / 讲座准备

1）培训通知

施工总控团队至少在培训召开 3 ~ 7 日前采用邮件、微信、电话等方式通知建设单位，建设单位根据培训情况通知相关参会者。培训通知中应明确培训时间、培训地点、培训主题、培训主讲人、培训出席范围等内容。提前准备培训主题相关文件材料。

2）培训安排

施工总控单位做好参会人员组织及会议签到。培训讲座的议程或文件材料如需分发，应在入场前登记分发。需投影设备演示说明的，应由组织者提前做好投影设备连接调试工作；需使用音响设备的，由组织者提前做好音响调试安排；需要留存资料的应提前布置好拍照、摄像工作。

（4）培训反馈

培训工作实施后，按照规定时间调查和收集培训反馈，为后续有效培训调整培训内容。

2. 课题工作与技术总结丛书

通过文献研究法、交流访谈法、案例研究法以及问卷调查法等工作方法，针对课题工作开展立项、实施、验收以及归档工作，结合项目群项目实践情况，探索课题相关技术问题，并进行归纳与分析使之系统化、理论化，继而总结、验证、提炼加工后，推动课题进展，最终形成技术总结丛书。

7 X项技术咨询

7.1 技术专题咨询意义

技术专题咨询是指在工程项目实施过程中，施工总控团队会组建专家咨询团队，对项目整个建设阶段的潜在问题进行梳理，例如市政规划、界面影响、时序问题、基坑安全等各个方面，在项目策划阶段进行“防雷”，想在事前，为业主做出决策提供支撑。在项目建设阶段，总控团队需积极跟踪每一个施工阶段，对关键工艺进行方案审查以及提供技术咨询，同时重点关注项目之间的技术对接问题，为项目“扫雷”，解决多项目联动的共性问题和交叉施工的相互制约问题。除施工问题外，项目如果涉及招商策划、土方平衡、BIM咨询、绿建咨询等问题，总控团队也可以依靠公司的专业团队为业主提供咨询服务，并协助展开调研，帮助项目实体合理利用技术和资源，从而达到工程项目的技术优化、质量提升、进度与成本控制以及风险管理的目的。

工程技术专题咨询可以站在整体区域开发的视角上统筹各地块项目目标控制的走向，帮助业主合理制定技术专题方案、选择合适施工工艺和技术路线，为业主的整体规划、协调、决策提供技术支撑，确保工程项目顺利实施、交付。根据以往区域整体开发项目集群案例经验，区域整体开发项目通常具有建设业态多、统筹管理难度高、工程体量大、场地相对局促、施工标段多、工期排布紧张、节点目标限制因素多、建设标准高、工艺技术复杂等特点，因此，工程技术专题咨询在区域整体开发项目中尤为重要，其重要性主要体现在以下几个方面。

1. 提供专业意见

工程技术专题咨询通过提供专业的技术经验和知识，以应对不同地块项目为工程项目提供专业的意见和建议，可帮助业主了解工程项目技术上的可行性、质量与成本的优劣性以及对工期的影响程度，通过各指标评估比选，形成最优技术路线。

2. 提供解决方案

在面对较为复杂且以往相关实施案例较少的技术难题时，工程技术专题咨询可提供创新的技术解决方案。通过相关文献搜集、深入研究分析，并会同有关项目参建各方专题讨论、团队后台专家头脑风暴等形式最终形成最佳的工程技术方案。

3. 提供风险管控

通过该项目数量的累积，已完工技术风险项随之增加，通过后评价的方式建立技术风险管理库，提炼实施过程中实际发生的有共性的技术风险点，总结其工程技术专题研究背景、技术措施、采用方法、实际目标偏差情况、后续风险建议等，为业主后续项目实施提供借鉴与参考。

4. 提升核心竞争力

在竞争激烈的市场环境中，工程技术专题咨询可以很好地与业主企业品牌有机融合，通过先进技术与管理方案，可帮助业主改进工艺流程，提炼最佳技术路线，达到质量优、工期短、安全可靠的目的，以提高生产效率，提升核心竞争力，进而在市场竞争中脱颖而出。

7.2 职责分工与工作流程

1. 职责分工

在技术及专题咨询中，采用责任分配矩阵来显示各个管理工作活动与各个参与单位之间的联系，确保每一项任务对于每个参与方都有明确的职责，如表 7-1 所示。

技术专题咨询责任分工　　**表** 7-1

技术专题咨询工作内容	建设单位	施工总控团队	监理单位	施工单位
市政规划	审批	方案编制 / 统筹	监督实施	实施
界面影响	审批	方案编制 / 统筹 / 动态管控	监督实施	实施—自控
时序问题	审批	方案编制	监督实施	实施
基坑安全	审批	风险管控	监督实施	实施—自控
……	……	……	……	……

2. 工作流程（图 7–1）

7.3 技术专题咨询工作内容

基于区域整体开发项目技术专题咨询，涵盖内容较多，涉及面较广，从实施阶段上划分主要包括前期策划阶段、过程施工阶段、竣工验收阶段等。

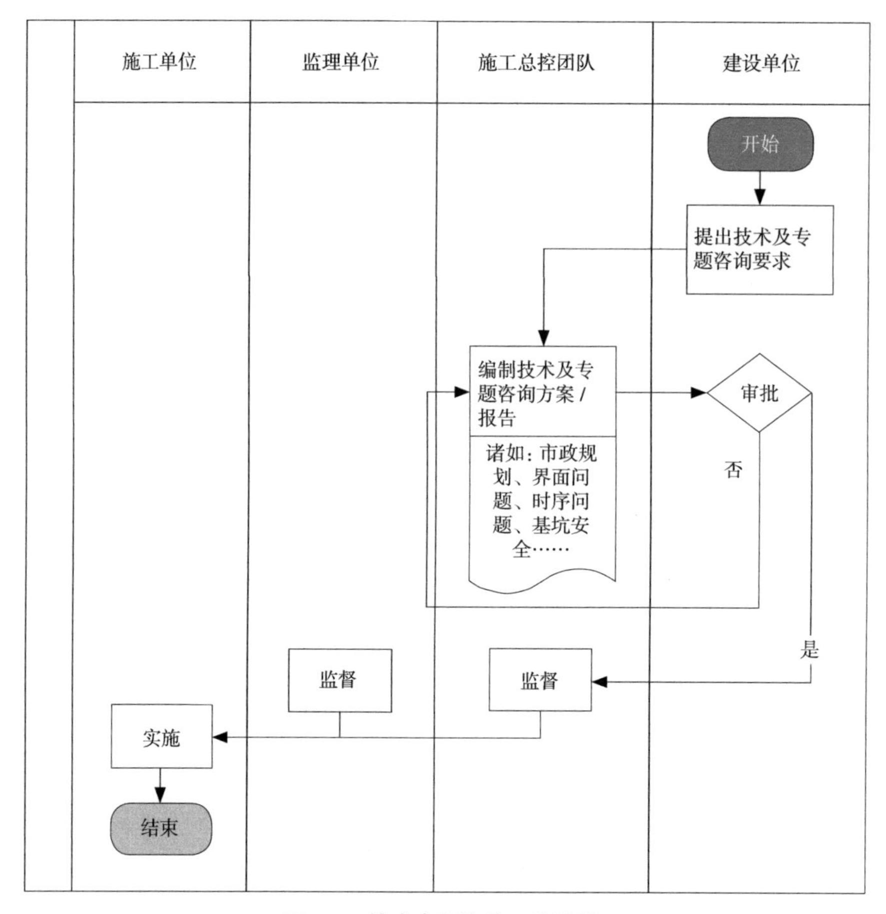

图 7-1　技术专题咨询工作流程

1. 前期策划阶段

区域整体开发项目前期策划阶段，施工总控团队遵循“统筹平衡，整体推进，合理搭接，避免停滞”的原则统筹考虑整体建设时序策划，并结合开发时序分析片区交通组织、生活大临布设、管线拆改论证、临水临电点位设置、用地红线边界条件、招标界面划分、设计方案选型分析、项目建设目标设定、项目开发建设方案确定等，通过科学合理的技术专题咨询指导，作为纲领，为后续工程顺利开工建设创造有利条件。

2. 工程施工阶段

区域整体开发项目建设标准高，工艺技术复杂，为保证建设质量，施工总控团队通过进行区域内各地块项目之间技术对接，对后续可能存在的技术重难点进行技术挖潜，编制技术难点咨询计划，解决共性、相互制约问题；对重大技术方案进行技术咨询并提出合理化建议，例如悬吊钢结构安装、超高层幕墙安装、机电联动调试等；并结合项目实际情况进行专题技术咨询和分析，如钢结构选型、幕墙视觉样板分析、试桩选型分析、周边老旧建筑保护、施工期间交通组织策划、群塔作业、河底连通道施工方案比选及施工影响分析、泛光照明专项分析等。

3. 竣工验收阶段

区域整体开发项目类型复杂，不同投资主体、不同类型项目在专项检测、专项验收、竣工验收、竣工备案、档案编制等方面的工作程序各有不同，此阶段往往是整体进度的最后冲刺阶段，调试验收界面多、报验手续复杂、搭接不畅将会很大程度上影响验收交付节点，施工总控团队需分别梳理并针对性提出相应验收流程、验收交付前需具备的条件和管理办法，尤其是住宅项目，需统筹安排“一房一验”及“预看房”制度的落地实施。

《 — 第三篇 — 》

实·践·篇

8 临港金融湾建设时序案例

8.1 项目背景

作为临港新片区跨境总部集聚、金融业务创新功能的重点承载区，滴水湖金融湾将对标日本东京湾、香港中环、新加坡滨海湾等国际最具竞争力的自由港，重点发展跨境金融、新型国际贸易、高端国际航运等现代服务业，着力打造继外滩金融集聚带、陆家嘴金融城之后全市金融服务业“第三极”，形成功能互补、协同发展格局。经过四年多的开发建设，在规划建设、功能集聚等方面初步展现“新片区显示度”，是临港新片区推进开放型特殊经济功能区建设的核心承载区，是连通国际国内金融要素市场的重要枢纽以及金融领域开放政策的前沿阵地。

临港金融湾项目位于滴水湖北侧，根据开发顺序分为一期（东西九宫格）和二期（东扩区域）。一期项目北至环湖北二路，东至蓝云港，南至环湖北一路，西至青祥港。二期项目北至环湖二路，南至环湖一路，东至 N12 路，西至蓝云港（图 8-1、图 8-2）。

图 8-1 临港金融湾一期效果图

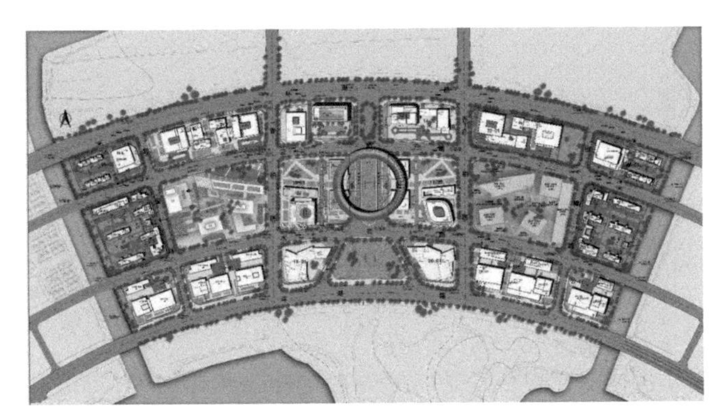

图 8-2　临港金融湾一期项目平面图

目前金融湾一期已开工建设，总占地 450 亩，建筑体量 146 万 m^2（含地下 64 万 m^2），项目分为东九西九两部分，共 18 个地块，打造以“荣耀之环”为核心，四栋 100m 塔楼、湖滨一线为标志的金融总部区。积极探索“零碳”示范建筑，创新开发利用地下二层空间，整体布局地下商业、集中能源、无人配送等先进系统，将智慧城市、低碳城市等未来城市建设理念贯彻始终（图 8-3）。

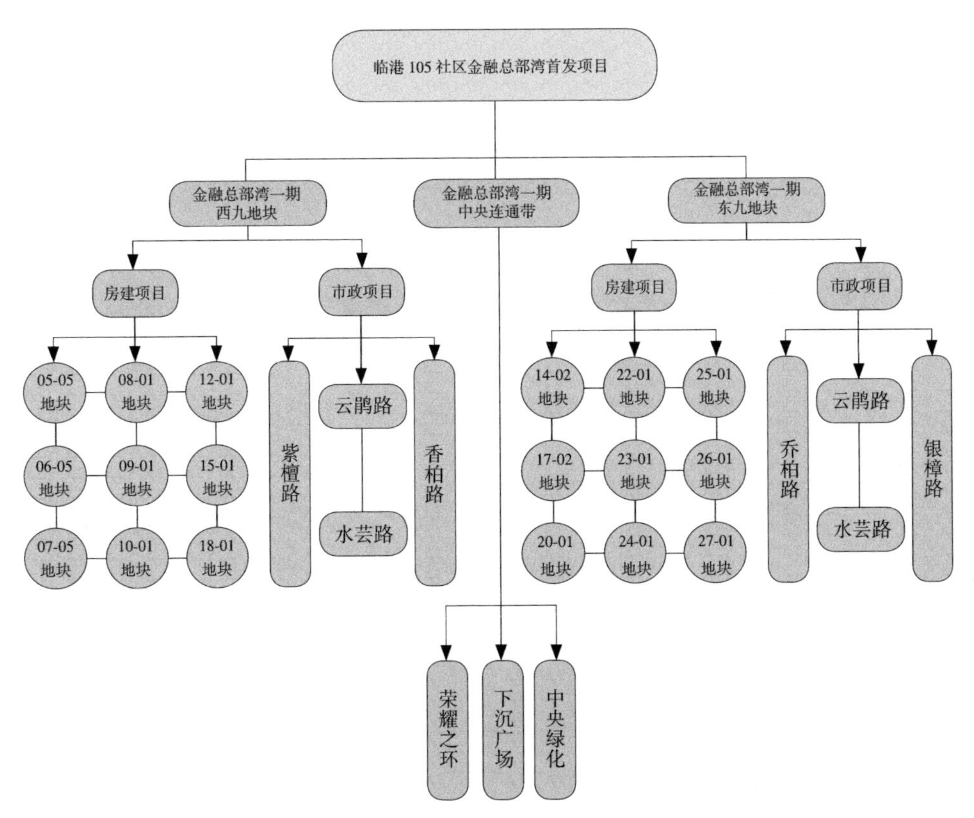

图 8-3　临港金融湾项目分解图

8.2 服务内容

基于临港金融湾项目本身具有的重大意义和重要性，结合项目具有规模体量大、建设内容全、业态种类杂、建设周期短、管理范围广等特性及难点，使业主对于项目的管理和控制难度大大增加，因此，业主方决定采用引入总控团队协助业主方对项目进行三级统筹。总控团队需站在 PMO（Project Management Office，PMO）的角度上，对项目进行整体的策划和管控，为项目建立管理标准，规范管理流程，解决资源冲突，总结最佳实践，为项目提供顾问式指导。

经过与业主方的沟通交流，总控团队为金融湾项目提供进度统筹管理、界面统筹管理、工程技术统筹管理、信息与沟通管理以及 HSE 管理五个方面的服务。由于金融湾项目是区域整体开发项目，包含 18 个地块同期开发，从单一环境到多重任务，其复杂性大大增加，需要保证多项目同时实施的情况下，整体进度可控、有效资源合理分配，不仅仅将注意力放在具体某一单一项目上，而要将多个项目视为一个整体，作为一个系统，统筹兼顾，保证各个地块按照进度计划完成施工，建设时序的策划就显得尤为重要。

8.3 地块开发计划管理

8.3.1 开发策划方案

针对金融湾项目开发体量大、业态复杂、工期进度紧张等重难点问题，总控团队在进场初期，即组织专业团队力量进行重点分析策划。总的来说，项目群进度管理系统主要可以分为三大部分：项目群进度计划系统、项目群进度管理机制、项目群进度控制系统。其中项目群进度计划系统主要是指项目群的识别、项目群活动排序、工期估算以及编制进度计划等工作内容；而项目群进度管理机制主要是为保证项目群进度计划实施的组织、协调、监督以及激励机制；项目群的进度控制系统则是指项目群进度计划实施过程中进度影响因素的识别与处理、项目群进度的动态检测与偏差处理。具体如图 8-4 所示。

总控团队首要解决的问题就是确定开发优先级，这是多项目资源配置前需要进行的一个关键步骤。根据金融湾一期项目现场实际情况，项目团队组织多批次、多维度的专题研讨会，统筹团队在综合吸收各相关方意见后基于层次分析法，以项目资源因素、进度因素、技术因素等要求为指标，建立了适用范围较广的、简明易用的异权重项目等级划分多维立体模型，帮助建设单位在短时间内，进行综合分析，较为高效地确定项目优先级。构建了如图 8-5 所示的层次分析模型。

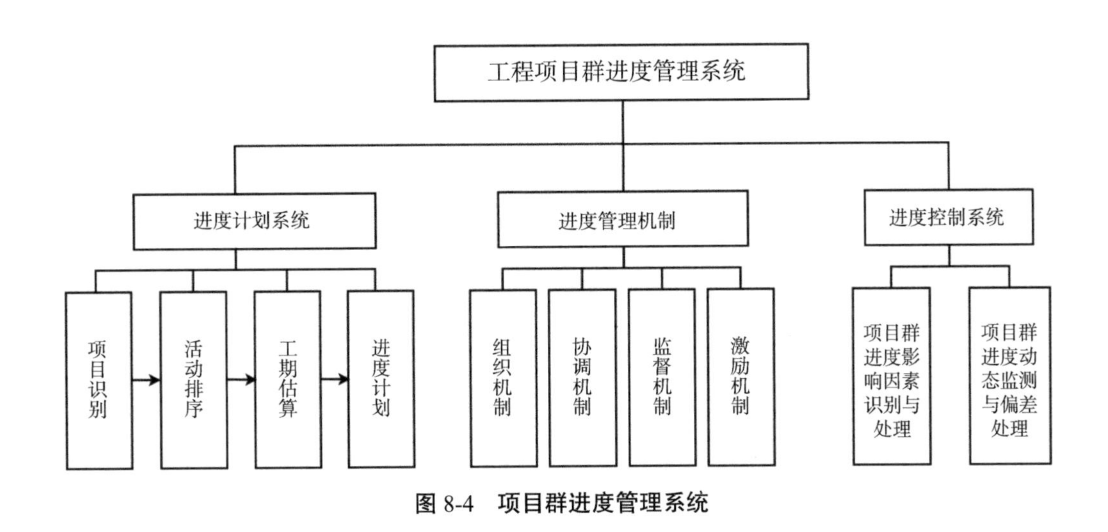

图 8-4　项目群进度管理系统

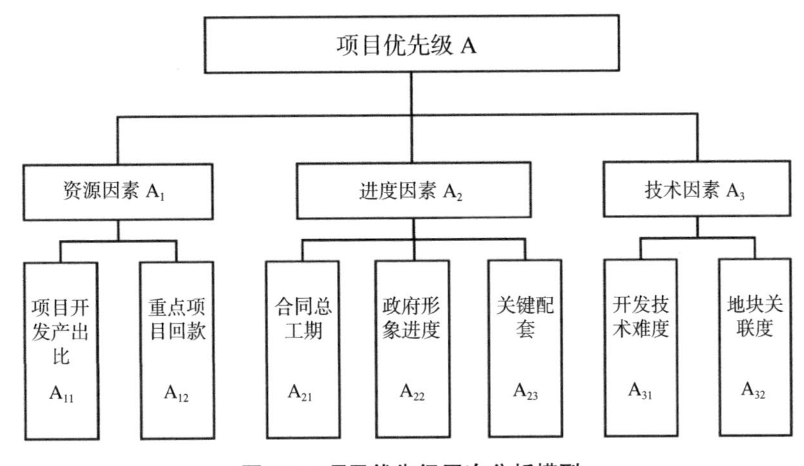

图 8-5　项目优先级层次分析模型

在明确项目优先级的基础上，总控团队依据权重评级打分及相应工期定额确定重点开发项目总进度纲要（一级计划），确定里程碑节点。

8.3.2　开发计划管理要点

因金融湾项目的重要性及特殊性，项目在执行过程中除新片区经济公司自身控制项目群的建设落实及相关管理工作外，还受到临港新片区管委会及上级公司临港集团等多方的高度关注。因此本案计划目标的设定及过程管控需由一套严格的控制体系指导运行。

1. 计划目标的论证及确定

本项目采取平台公司主责，集团审定监督及政府备案的多级目标管理体系。在前文程序确定了项目基本进度纲要及主要里程碑节点后，需在总控团队的组织和业主相关管理团队的监督及要求下，采用一系列科学手段及工具进行目标论证，最终报业主各部门及临港新片区管委会备案，具体程序如图 8-6 所示。

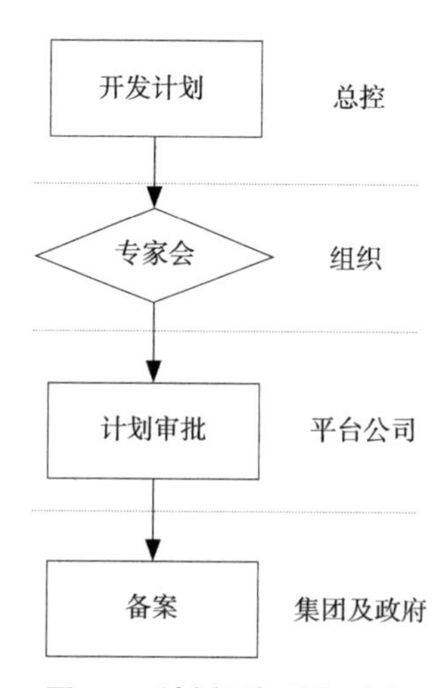

图 8-6　计划目标论证流程

2. 各级计划的跟踪执行及变更相关原则

（1）各部职能

新片区管委会及临港集团是计划要求的发起及监督部门，新片区经济公司业主管理团队是计划的审批部门。项目总控团队是工程进度计划执行的监管部门，在委托管理合同的授权范围内，代表新片区经济公司行使工程进度计划管理职权。总控项目经理是工程进度计划管理的责任人，对工程进度的制定、执行、检查、调整和考核负管理责任。项目总控团队的工程进度主管具体负责工程进度计划管理工作，向总控项目经理负责。设计、施工、材料及设备供应单位分别是工程设计、施工、材料及设备供应进度计划的主责单位，各自对自己承包范围的工程进度负责。所有参建单位都应明确专人负责工程进度计划管理工作，并承担相应的管理责任，必须服从新片区经济公司和项目总控单位的统一管理与协调。

开工之前，项目总控团队根据批准的相关技术文件及业主的要求，编制工程项目建设总进度计划（二级计划深度）。对总进度计划进行分解，要求各参建单位适时提出年、季、月的设计（出图）、施工、材料和设备进度计划（三级计划深度）报业主及总控团队审批备案。项目总控团队审查设计、施工、材料及设备承包（供应）单位编制的各项进度计划，在综合平衡的基础上，及时反馈信息，下达指令。通过工程例会、日常巡视、交流沟通等方法检查进度计划的执行情况，尤其应加强对人力资源、材料、机械设备、技术和资金等生产要素的检查，确保进度计划的顺利执行。定期、不定期地向新片区公司工程部及相关主管领导报告工程进度计划执行情况，接受其有关指令并付诸实施。当实际进度与进度计划发生偏差时，项目总控团队会及时查清工程延时的原因，分析进度偏差对后续工程的影响，提出纠正偏差的措施，必要时对进度计划作出调整。进度计划的调整须报业主工程主管部门批准。每月，由新片区经纪公司工程部及项目总控团队组织，召开一次进度大会，审查当月进度计划的执行情况，探讨接下来的工程进度落实，实施进度计划的各项措施，平衡、协调、处理有关各方的矛盾和问题。

（2）对施工单位的工作要求

1）要求施工单位在编制施工组织设计时，严格依据既定总进度计划要求进行编制，并辅以工程总进度计划网络图和必要的文字说明。

2）要求施工单位在人力资源、材料、机械设备、技术和资金等对进度有影响的生产要素环节方面，配备能确保有效实施的保障措施。

3）要求施工单位在工程开工初始期，编制当年的工程进度计划；每年年末，应编制下一年度的工程进度计划；每季度末，应编制下一季度的工程进度计划；每月月末，应编制下一月的工程进度计划；必要时，根据业主及总控团队的要求，编制工程周进度计划。进度计划应报项目总控团队审查，经业主批准后执行。

4）要求施工单位随时检查工程进度计划执行情况，做好进度自控工作，发现工程延时，应及时采取措施，加以补救。

5）要求施工单位按合同的约定，接受业主和总控团队的管理。对总控团队的书面指令，必须在规定的时间内，给予书面回复。

（3）进度计划的调整原则

1）进度计划的调整应符合“月保季、季保年、年保总”的原则，月计划的调整，不能影响季计划的完成；季计划的调整，不能影响年计划的完成；年计划的调整，不能影响总计划的完成。

2）进度计划调整还应符合节点控制的原则，一般节点的计划调整，不能影响重要节点的计划完成；重要节点的计划调整，不能影响里程碑节点的完成；里程碑节点计划一般不予调整，非调不可时，不能影响最终进度目标的实现。

3）工程进度计划的调整实行分级审批的原则：

①月进度计划内作业计划的调整，应由施工单位项目经理部提出，经监理团队及总控团队进度计划审查同意，由施工单位项目经理部经理批准，报业主审核备案。

②不影响一般节点完成的月进度计划调整，应由施工单位项目经理部提出调整方案经总控团队审查同意，由业主单位批准实施。

③一般节点进度计划的调整，在不影响重要节点计划或季进度计划的情况下，由总控团队审查批准并报业主工程部备案后实施。

④重要节点和季、年进度计划的调整，必须经总控团队审查同意，报新片区公司各职能条线批准，报临港集团及管委会认可后方可实施。未经批准，一律不准调整。

（4）其他

1）总控团队将严格依据相关标准要求对施工单位的进度计划执行情况进行检查与考核，并按合同条款的有关规定向业主提出奖惩建议。

2）总控团队准确记录工程进度计划实施的真实情况，其中包括必要的影像资料。

3）要求施工单位在进场后一周内将合约范围内总进度计划及各单位工程施工进度计划，上报业主、总控团队、监理单位审核。编制及审核依据为总控单位总进度计划安排。

4）要求施工单位、监理单位将业主指定分包单位纳入日常管理的工作中，总工期及主要节点工期不能以任何理由（包括业主指定分包单位施工不力）而得到顺延，施工单位、监理单位对业主指定分包单位的工期和质量负连带责任。

5）按业主、总控团队要求和工程施工需要，要求施工单位提交包括机电、装修等其他分包商（平行承包）在内的分部、分项、工序交叉专项作业计划。

3. 片区管理责任单位的选定

因金融湾工程体量巨大，场地利用、交通组织等现场组织管理任务繁重，场地的综合协调将直接影响施工效率及日常施工组织，进而影响项目计划的落地。根据项目落位及工程招采确定将金融湾项目划分为一期东九、一期西九及二期项目三个片区，分别由三家单位担任片区管理责任单位，签订相关责任书，配合业主对厂区实施分区管理。对片区内相关影响工程或地块进度的施工组织起到管理协调，监督落实的职责。

8.4 建设时序策划流程

8.4.1 项目优先级需求识别

总控团队需站在PMO层级上收集信息，从多个角度、多个方面进行金融湾项目的建设时序策划。首先需要识别需求，对项目进行优先级评比，根据不同项目在各项因素上的重要性表现，定义项目层级，明确项目权重。根据总控团队对项目信息的收集以及整理分析，决定从以下六个方面考虑各个项目的权重因素，梳理出各项目优先级以及关键线路，为项目整体定下基调：

1. 形象工程（地标性）

形象工程是指最能代表该整体开发区域的一个建筑单体或单个项目，是整个开发区域所有建筑中的主角，在外形上具有创新性，功能上具有超前性和包容性，且建筑本身是出类拔萃、独树一帜的，最能代表开发区域的特点和定位。综合该因素的意义，区域整体开发项目中对重点形象工程往往有着明确的时间要求，是项目整体中非常关键的一个重大节点，因此，该影响因素在项目优先级评比中应当占有较高的权重。例如金融湾项目中的“荣耀之环”“中轴”“百米塔楼”等项目。

2. 重点销售及资金回笼

在房地产开发过程中，回款是一个非常重要的概念，及时的回款能够帮助开发商更好地实现资金周转，维持企业的正常运营及进一步发展，并且能够降低企业资金压力，帮助企业实现风险控制，对于企业的稳定性具有重要意义。因此，在区域开发项目中，有销售优势或重点销售的项目在项目优先级评比中也应当排在前列。例如金融湾项目中可以提前预售的住宅地块、标志性的百米塔楼、地理位置较好的、沿湖的办公地块等。

3. 关键配套

配套工程也是影响项目优先级的一个重要因素。由于配套工程基本都是市政工程，政府往往对市政道路等配套有明确投入使用的时间要求，道路周边地块需配合配套工程的要求进行协调策划，但介于配套工程施工周期相较完整的项目工期来说较短，且可与项目进行穿插，施工时间较为灵活机动，因此该因素所占权重应在中等水平。例如金融湾项目中的“能源中心”及其他供能地块、新建道路周边地块等。

4. 政府要求

区域开发项目包含多种业态，其中不乏有政府重点工程项目，例如学校、公共绿地等，这类项目政府有明确投用时间和要求，需无条件满足，且学校、绿地等项目可能依附于周边地块范围内，界面上有交叉或者重叠，对周边地块项目也有影响，但往往施工时间相对较短，因此该因素的权重属于中上水平。

5. 技术难度

项目施工技术的难度及复杂度也对项目优先级有一定影响。规模大、工艺复杂的项目应考虑其各工序施工周期及场地、资源方面的需求来决定其优先级。但施工周期长以及技术难的问题可以通过多增加资源调配以及寻求更新更高效的施工工艺来减小其影响，因此该因素在项目优先级影响中占比权重较小。例如金融湾项目中一些超高层、异形结构的办公楼等。

6. 开发关联度

整体区域开发项目中，各单体项目之间有所制约和影响，例如共坑、连通、场地交叠、搭接等方面的问题，在多项目中需要全面考虑多个因素，找到核心问题为基点，再向外延伸来确定关联项目之间的先后顺序和搭接顺序，合理利用各地块施工之间的逻辑关系，通过穿插施工来尽可能消除对彼此之间的制约和影响，因此该因素在优先级评比中所占权重属于中上。

以上对于项目优先级的权重因素需要通过收集大量信息以及深度分析来确定和评级，总控团队需站在 PMO 层级的角度，从社会影响、项目实施两个维度以及政府 / 管委会要求、公司运营要求、项目建设要求三个层级来考虑。通过了解政府的政策文件、规划要求，公司的运营指标、资金情况，项目的具体内容、预期目标，综合考虑分析项目整体的推进路线，形成科学的、合理的建设时序策划。收集信息的方法包含主动去政府相关部门征询、参加公司运营会议、参考招标投标文件、了解参建单位实力等形式。

以上所有影响因素虽然在权重比上有高有低，但并非是一成不变的，需要根据项目的实际情况综合判断，一个项目可能受多种因素影响，且每种因素的实际影响也需根据具体情况具体分析，因此，综合以上理论及信息的分析，最终总控团队拟定临港金融湾内各单体项目优先级如表 8-1 所示，项目分布图如图 8-7 所示。

金融湾（一期）项目优先级评比表 **表 8-1**

优先级	项目
T0 级	荣耀之环、中轴、18-01、20-01
	重大形象工程 + 政府要求 + 关键配套 + 技术难度 + 重点销售

续表

优先级	项目
T1 级	05-05、06-05、25-01、26-01、15-01、07-05、10-01、17-02、23-01、24-01、14-02
	住宅资金回笼 + 百米塔楼 + 开发关联度 + 重点销售
T2 级	08-01、09-01、12-01、27-01、22-01
	开发关联度 + 关键配套

图 8-7　临港金融湾项目地块及项目分布示意图

8.4.2　确定开发重点次序

依托前期收集的信息，所识别出建设需求以及对金融湾项目开发权重要素的研判，建立项目优先级排序的评分矩阵如表 8-2 所示，以确定本案例开发的重点次序。

金融湾（一期）项目优先级排序评分矩阵表　　**表** 8-2

权重因素 项目	形象工程	重点销售、资金回笼	关键配套	政府要求	技术难度	开发关联度	权重总计
	3.0	3.0	2.0	2.5	1.0	2.0	
荣耀之环	10	1	1	8	8	9	81
中轴	8	1	3	7	5	10	75.5
05-05	2	10	3	3	2	1	53.5
06-05	2	10	3	3	2	1	53.5
25-01	2	10	3	3	2	1	53.5
26-01	2	10	3	3	2	1	53.5
08-01	2	3	1	1	3	2	26.5

续表

项目 \ 权重因素	形象工程	重点销售、资金回笼	关键配套	政府要求	技术难度	开发关联度	权重总计
	3.0	3.0	2.0	2.5	1.0	2.0	
24-01	5	9	2	3	3	2	60.5
27-01	3	9	2	2	3	2	52
07-05	5	9	2	2	3	2	58
23-01	3	1	6	2	5	10	54
09-01	3	1	4	2	6	10	51
10-01	5	9	2	2	3	2	58
14-02	4	9	2	1	7	4	60.5
15-01	6	3	2	3	6	10	64.5
22-01	2	9	1	1	3	2	44.5
12-01	4	5	2	1	8	4	49.5
18-01	7	8	2	2	4	9	76
17-02	6	3	2	3	6	10	64.5
20-01	7	8	2	2	4	9	76

筛选的标准在矩阵上方的第一栏。每一个标准的管理权重是根据它对整体目标和战略计划的相对重要性（权重取值从 0 分到最高分 3 分）来评定。权重值由总控团队及业主方共同评定及确认，每个项目根据其相对的价值加上选择标准对其进行评估，每个项目标准都从 0 到 10 进行分配。这个价值反映了项目适合特定标准的程度。例如，项目荣耀之环在形象工程这一因素上占据重要地位，赋予 10 分，相反，该项目对地块的资金回笼作用不能提供帮助，并且周边不涉及配套设施的建设，均赋予 1 分，它和周边搭接的地块有很强的互相影响情况，赋予 9 分，并且政府对该项目也有极高的重视程度，赋予 8 分，综合统计，该项目得到最高的 81 分，在项目优先级评定中，该项目应优先被接受，在时序整体策划及资源调配过程中应给予更高重视。

8.4.3 确定总进度纲要及里程碑节点

依据权重评级打分及相应工期定额确定重点开发项目总进度纲要（一级计划），确定里程碑节点如表 8-3 所示。

金融湾（一期）项目里程碑节点表 表 8-3

项目级		合同开工	施工许可证	正负零	结构封顶	竣备
T1	05-05	2020.12.10	2020.12.18	2021.11.14	2022.9.30（办公楼） 2022.8.30（住宅）	2023.11.30

续表

项目级		合同开工	施工许可证	正负零	结构封顶	竣备
T1	06-05	2020.12.10	2020.12.18	2021.10.30	2022.8.30	2023.11.30
T1	25-01	2020.12.10	2020.12.18	2021.11.11	2022.9.10（办公楼） 2022.8.30（住宅）	2023.11.30
T1	26-01	2020.12.10	2020.12.18	2021.10.20	2022.8.30	2023.11.30
T2	08-01	2021.6.30	2021.7.28	2022.10.15	2023.1.18	2024.3.15
T1	24-01	2022.3.15	2022.3.8	2023.2.26	2023.5.5	2024.6.30
T2	27-01	2022.3.15	2022.3.22	2023.2.26	2023.5.5	2024.6.30
T1	07-05	2021.6.30	2021.9.30（桩基） 2022.1.16（主体）	2022.12.28	2023.5.4	2024.6.30
T1	23-01	2022.3.1	2022.6.1	2023.5.6	2023.7.30	2024.6.30
T2	09-01	2022.3.15	2022.6.1（主体）	2023.5.6	2023.7.30	2024.6.30
T1	10-01	2021.6.30	2021.9.30（桩基） 2022.1.16（主体）	2022.12.28	2023.5.4	2024.6.30
T1	14-02	2021.9.30	2021.9.30（桩基） 2021.12.20（主体）	2022.12.15 （塔楼区域）	2023.7.15	2024.12.30
T1	15-01 17-02	2022.3.15	2022.6.1（主体）	2023.1.15 （塔楼区域）	2023.8.28	2024.12.30
T2	22-01	2021.9.30	2021.9.30（桩基） 2021.12.20（主体）	2023.3.31	2023.6.30	2024.12.30
T2	12-01	2022.8.30	2022.9.30	2023.4.30	2023.9.30	2024.12.30
T0	18-01	2022.9.30	2022.10.30	2023.7.8	2023.10.30	2024.12.30
T0	20-01	2022.9.30	2022.11.15	2023.7.8	2023.10.30	2024.12.30

8.4.4 项目建设二级节点计划

大型项目的建设影响因素诸多，变是绝对的，不变是相对的，建设项目总进度纲要编制完成后并不意味着该计划绝对不变。在整个进度计划执行过程中，必须对整个工程建设的全过程进行跟踪和控制，进度计划也需不断调整，直到项目进度目标尽可能好地实现。

从工作性质上来讲，工程项目总进度纲要的跟踪管理属于项目总控的工作范畴，与项目管理中的进度控制是有区别的。在整个项目实施过程中项目总控团队通过收集项目实际进度信息，分析比较工程实际进度和计划进度的偏差情况，提供进度控制的咨询意见，从而为业主方的进度控制提供支持。业主方、项目总控方和项目实施方（设计单位、施工单位、材料供应商）的进度控制任务分工如表 8-4 所示。

建设项目进度控制管理职能分工表 **表 8-4**

序号	进度控制任务	职能分工		
		业主方	项目总控方	项目实施方
1	编制总进度纲要	决策	执行	
2	编制设计总进度计划	检查	规划	执行
3	编制施工总进度计划	检查	规划	执行
4	编制项目采购进度	检查	规划	执行
5	总进度计划的定期调整	决策	规划	执行
6	跟踪设计实际进展情况，编制进度控制分析报告	检查	执行	
7	督促设计单位编制设计工作计划，控制其执行	决策	规划	执行
8	督促施工监理单位和施工单位编制工程施工进度计划，控制其执行	检查	规划	执行
9	项目进度对比，并提交进度控制报告（周报、月报、季报、年报）	检查	执行	
10	审核项目各阶段施工计划，并控制其执行	决策	规划	执行

在明确各地块建设里程碑节点及各参建方管理职能分工后，总控团队组织专业力量，结合一期新建市政道路、地下管廊、地下连通道等施工内容，充分考虑各地块的不同建设时序、场地交通转化等因素，牵头召开多轮专题会，经过数轮的会议及沙盘演练，最终形成各地块二级节点计划，如图 8-8 所示。此计划经业主方确认后，作为施工单位三级节点计划依据。

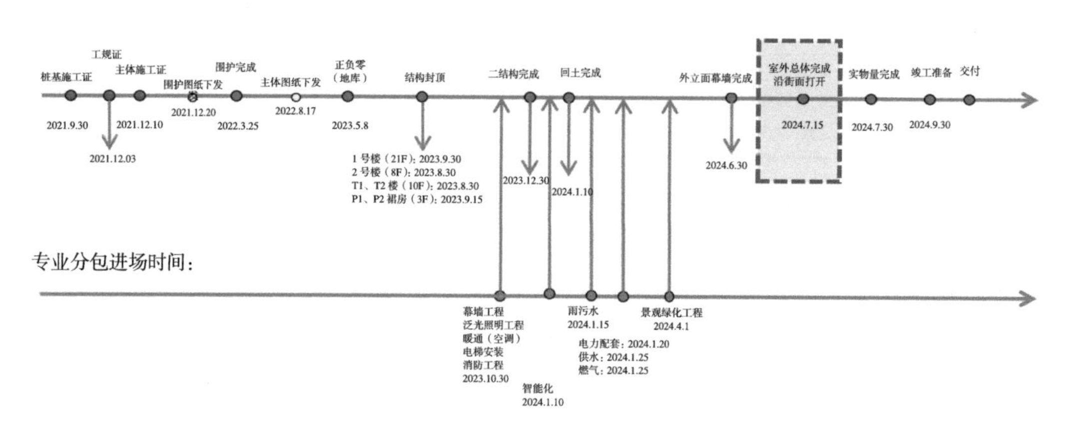

图 8-8 **某地块二级节点计划**

8.4.5 确定各地块三级节点计划

在总进度计划及二级节点计划约束前提下，总包单位对工作进行结构分解，并编制指导日常工作三级节点计划，并报送监理单位、项目总控团队审批，最终经业主单位审核通过后予以考核。如图 8-9 所示。

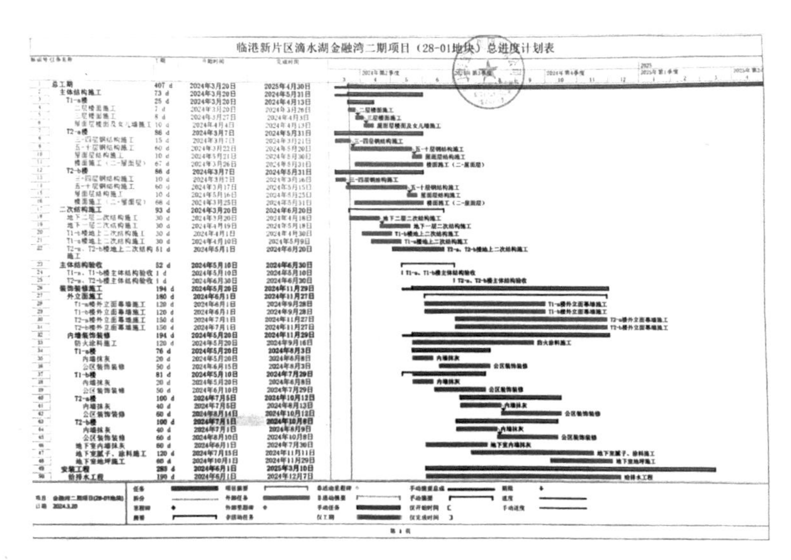

图 8-9　各地块总体施工进度计划（节选）

8.5　管理工作总结

建设时序的策划极大地提升了整个项目的推进进度。金融湾一期项目在 2021 年大面积开工，原定计划在 2025 年中完成竣工准备，经过建设时序策划的优化进度后，根据项目优先级采取分批次竣工准备的策略，分别在 2023 年底、2024 年中及 2024 年底分批次完成，将项目整体的建设完成目标提前半年以上。建设时序策划带来的成效主要体现在以下几个方面。首先，通过项目优先级的识别，明确了多项目环境下的核心建设目标，确定了过程中的关键进度节点，使项目整体有明确的推进方向。其次，通过梳理出的关键路线，在原有计划基础上优化，通过合理的时序及工艺上的搭接，最大限度地缩短了项目整体建设完成所需的时间，将项目整体竣工准备时间提前半年左右。另外，在建设时序策划基础上，还延伸出了不同阶段的场地布置、界面需求、交通组织，确保在建设阶段现场的交通畅通，以及合理的资源调配，为项目稳定推进提供了保障。

在两年时间中，项目总控团队凭借科学的管理方式以及全面的统筹策划，在金融湾项目上取得了一定成果，随着项目进程的不断推进，项目总控团队将继续围绕五个管理模块的基础上，根据建设时序策划的指引方向，进一步开展对地块的管控工作，实现条块的全面结合，发挥创新精神，体现统筹策划的价值最大化，推动金融湾项目的建设，并将后续的策划以及管理工作逐步开展，确保金融湾项目能够实现进度、质量目标，顺利建造落地。

9 世博文化公园界面管理案例

9.1 项目简介

9.1.1 项目基本信息

世博文化公园项目位于浦东新区，后世博板块，世博C片区。西北部毗邻黄浦江、东接长清北路 - 卢浦大桥，南抵通耀路，总用地面积约187.7公顷。其中公共绿地154.21公顷（含已建成的后滩公园23公顷）。

世博文化公园主要分为世博文化公园（雪野路以北）项目、世博文化公园（雪野路以南）东区项目（双子山）、世博文化公园（雪野路以南）西区项目（世界花艺园）、世博文化公园（雪野路以北）温室花园项目、世博文化公园市政道路项目。世博文化公园（雪野路以北）项目包含世博花园、静谧林、江南园林、中心湖、音乐之林、舞动广场、11孔桥、地库及配套建筑、后滩公园改造及提升；世博文化公园市政道路项目包括世博大道、夏涤路、经七路、济明路北段等，所涉专业包含建筑、水利、园林景观及市政道路等，如图9-1所示。

图9-1 世博文化公园子项目划分示意图

世博文化公园范围内共计 20 余个建设项目，涉及相关建设主体 9 个，包含地产集团、浦东新区、上海大歌剧院（市委宣传部）、久事集团、申通集团、市路政局、燃气公司、电力公司、城投公司，如表 9-1 所示。

项目建设内容一览表　　**表 9-1**

<table>
<tr><th>序号</th><th>项目名称</th><th>子项</th><th>建设主体</th></tr>
<tr><td>1</td><td colspan="2">世博文化公园项目启动区绿化工程</td><td rowspan="8">地产集团</td></tr>
<tr><td>2</td><td colspan="2">世博文化公园（雪野路以北）项目</td></tr>
<tr><td rowspan="2">3</td><td rowspan="2">世博文化公园（雪野路以南）</td><td>西区花艺园</td></tr>
<tr><td>东区双子山</td></tr>
<tr><td>4</td><td colspan="2">世博文化公园（雪野路以北）项目——温室花园（建筑）</td></tr>
<tr><td rowspan="4">5</td><td rowspan="4">市政道路工程（528 范围内）</td><td>世博大道</td></tr>
<tr><td>夏涤路</td></tr>
<tr><td>经七路、济明路北段</td></tr>
<tr><td>国展路（世博大道—济明路）改建工程</td><td rowspan="5">浦东新区</td></tr>
<tr><td rowspan="2">6</td><td rowspan="2">市政道路工程（528 范围外）</td><td>通耀路（世博大道—长清路）改建工程</td></tr>
<tr><td>济明路（雪野二路—通耀路）新建工程</td></tr>
<tr><td>7</td><td>综合管廊</td><td>夏涤路（博成路—国展路）综合管廊新建工程</td></tr>
<tr><td>8</td><td>公交枢纽</td><td>长清北路公交枢纽新建工程</td></tr>
<tr><td>9</td><td colspan="2">上海大歌剧院</td><td>大歌剧院</td></tr>
<tr><td>10</td><td colspan="2">上海久事国际马术中心</td><td>久事集团</td></tr>
<tr><td rowspan="2">11</td><td rowspan="2">19 号线车站</td><td>世博大道站</td><td rowspan="2">申通地铁</td></tr>
<tr><td>后滩站</td></tr>
<tr><td>12</td><td>污水南干线</td><td>南干线改造工程（溏子泾段）</td><td rowspan="2">城投公司</td></tr>
<tr><td rowspan="2">13</td><td rowspan="2">打浦路隧道</td><td>打浦路隧道管理用房搬迁</td></tr>
<tr><td>打浦路隧道加盖项目</td><td>市路政局</td></tr>
<tr><td>14</td><td colspan="2">燃气调压站迁建项目</td><td>燃气公司</td></tr>
<tr><td>15</td><td colspan="2">规划 220kV 地下变电站建设项目</td><td>电力公司</td></tr>
</table>

9.1.2 项目特点

1. 建设主体复杂

世博文化公园占地约 150 万 m^2，其中绿化占地面积 100 万 m^2、硬质铺装及小品占地面积 24 万 m^2、水域面积 16 万 m^2。除大量外部建设项目外，地产集团自建公园整体划分为雪野路以北、雪野路以南东区、雪野路以南西区三个大区及相应的市政配套道路，北区预计划分 5 个标段，南区预计划分 2 个标段，项目建设高峰期内多达 14

个标段施工单位同时进场作业。如此多的建设单位、施工单位同时介入，针对如此交错的时间、空间关系，在如此复杂的区块间界面、单位间界面中寻求施工安排的平衡和施工策划逻辑的通畅，难度十分之大。

2. 建设周期较长

世博文化公园项目建设于 2017 年 9 月启动，计划 2021 年底完成园区形象进度。作为建党“百年献礼”项目，公园在 2021 年底须具备局部开园条件，且受前期腾地、设计方案不稳定、地下障碍、疫情等因素影响，关键工期节点的实现仍存在较大的进度压力。在巨大的进度压力下，卓越有效的界面管理显得尤为重要。

3. 工艺技术复杂

世博文化公园秉承着“虽由人作，宛自天开”的设计理念，结合世博文化公园的文化需求、功能分区、地形地势等，以“春花秋色”为抓手，绘制了一幅人与自然高度融合、景观高度自然化的城市绿肺。项目建设之初就明确了“百年大计、世纪精品”的建设要求。项目建设除符合国家标准、地方标准外，更是要求对标国际一流同类景观项目，建设单位也制定了针对性的技术导则，以满足建设“国际一流”文化公园的要求。项目涉及场馆改造、园林景观、新建建筑、新（改）建市政道路等建设内容，除常规的园林绿化、深基坑、幕墙、钢结构、机电安装、市政管网等专业施工内容外，项目还涉及工艺技术复杂的土壤改良、容器苗、景观水体、PEC 结构人工山体、大新型密柱筒支撑张弦铝合金网格结构体系、智慧公园等多种新技术的应用。

4. 施工场地复杂

项目用地范围为世博文化公园包括原世博会后滩地区及克虏伯地区，基地内部现状道路包括有主干道世博大道、耀龙路、次干路雪野二路、支路博城路、国展路、后滩路、唐子泾路、上钢路、通耀路、济明路 10 条，其中世博大道、耀龙路、雪野二路等承担主要过境交通，内部道路流量较小。现状道路需废弃拆除 6 条，废弃道路总长 5.55km，面积共计 16.8 公顷。现状道路改建 3 条，新建 4 条地上道路和 4 条隧道，增加道路面积共计 18 公顷。此外，地铁规划路线内存在大量的原场馆基础桩，需要进行清障。

9.2 服务内容

世博文化公园项目实施阶段施工总控服务包括施工总控咨询、施工阶段项目群管理及第三方巡查，服务范围主要包括以下方面：计划管理、界面管理、信息管理、技术质量管理、HSE 管理、竣工与移交管理和第三方督导。实现“以计划管理为主线，以技术管理为引领，以安全保障为龙头，以工程质量为核心”的工程管理模式和目标（图 9-2）。

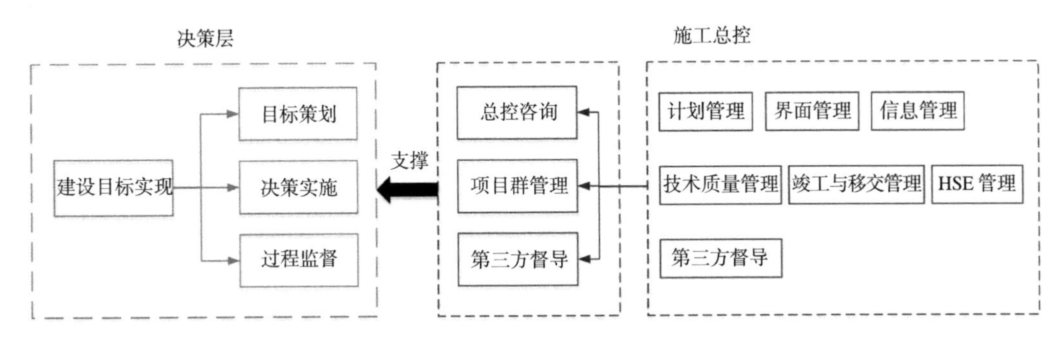

图 9-2 世博文化公园总控服务模式

世博文化公园建设面积之大、参建主体之多、场地状况之杂、工程技术之难、建设周期之长、要求工期之紧，进而催生的界面问题繁而多变，亟须解决。因此在界面管理方面，施工总控需要与设计总控、投资总控联合，从施工可行便利、进度优化、安全管控、投资审计、代建管理等各个角度出发，综合考虑区域内整体的场地布置规划、交通组织规划、相邻项目间的设计界面、施工合同界面划分及建设时序，从而达到界面清晰、责任明确、安全受控、时序合理、进度优化的目标。因此，本章重点分析世博文化公园界面管理板块，阐述界面管理的方法和工具，并以世界花艺园和上海市轨道交通 19 号线后滩站的实体界面为例，剖析界面管理实施中的困难点。

9.3 界面管理的内容与方法

9.3.1 界面管理的内容

上海地产引入施工总控为园区建设提供施工界面技术支撑和管理协调服务。施工总控负责除了协调由上海地产为开发主体建设的世博文化公园内部项目，同时也配合业主协调包括马术中心、大歌剧院、燃气中心、申通地铁世博大道站等在内的各个参建单位，确保所有单位的工作目标与世博文化公园的整体建设目标相契合。

界面管理的重点在于策划、执行、落实跟踪，前期策划阶段需建立界面管理制度，统一管理手势；项目实施阶段，识别相邻项目界面风险，加强预控管理，同时全过程跟踪，并根据项目进展进行实时动态调整。

1. 建立界面管理制度

结合园区项目本身，制定界面管理相关制度。主要包括借地管理制度、界面专项协调会议制度、园区出入口管理制度、场地规划与布置制度等，以建设时序界面和场地界面管理制度为例：

（1）建设时序界面管理

建设时序界面管理指的是通过各个地块建设时序的安排，提炼出影响相关项目界面的施工关键节点，并进行安排和管理。建设时序界面管理包含项目与项目之间的施工工序管理、施工进度管理、影响工期关键节点的管理。

（2）场地界面管理

施工场地界面管理主要是对施工单位场地布置的限制和补充，包括交通组织界面管理以及出入口管理，主要以《施工场地布置图》（CAD 版本）和管理办法的形式体现。同时，由于片区开发的特点，可能存在不同单体施工界面交叉影响的情况，进而产生借地、还地等行为，总控需要通过编制协议文件、流程等方法对此进行规范管理。

1）交通组织界面管理

交通组织界面管理是对片区内各地块之间的交通组织路线统筹规划和安排，合理规划各个地块施工车辆、人员的进出场动线，避免动线不合理反复修改，对地块工期产生影响和对资源造成浪费。总控通过施工单位上报的计划和现场工况，对周边环境进行分析，编制《交通策划方案》，提供给业主审核，审核通过后更新到《施工场地布置图》中下发给施工单位。

2）施工场地出入口界面管理

施工场地出入口界面管理包含对片区各个场地出入口的位置、数量开放时间及预留情况的管理。确定好大型车、小型车和现场人员进出的位置，方便对于进出施工现场的车辆和人员进行统一管理，保证施工现场的秩序和安全。出入口的排布同样体现在《施工场地布置图》（CAD 版本）上，由施工单位按照图纸对各自场地出入口进行建设及管理。

交通组织和出入口管理可能随项目建设阶段的不同而存在动态变化，总控应按照项目的实际情况，对以上两个因素进行实时跟踪、更新，保证现场施工界面一直保持在高效率的状态中。

3）借地、还地管理协议

在片区开发中，面临相邻界面交叉借用需求时，需通过施工总控单位协调完成相关的借地流程，并签署相应的借地协议交予建设单位存档。项目间借地需各项目施工单位明确相应的借地范围（面积、范围坐标）、借地用途及相应的借地时间，并提交施工总控单位进行现场查勘及复核等工作，若查勘及复核期间，存在不满足双方借地条件的情况，则通过召开相对应的专题协调会议进行协调，会议纪要以附件的形式记入借地管理协议。在完成借地需求后，需通过施工总控单位完成相关的交地流程，并签署交地协议交予建设单位存档。交地协议应明确交地的范围（面积、范围坐标），交地的时间及场地内实际情况（场地水电、场地内构筑物等）。

2. 识别界面管理风险

风险即不确定性，园区整体开发项目存在的界面更多，与之对应的风险也更多，因此需要更加重视对于界面管理风险的预判，提前采取应对措施，合理规避和控制好这些风险，避免在后续工程建设过程中产生意想不到的损失。预判界面管理的风险，一方面要求对施工总控团队有着较为丰富的项目管理经验，对界面管理中的风险有着较高的敏感度，能够在实际项目中识别问题；另一方面要求施工总控团队针对区域整体开发的特点，及时跟进各项目的实际建设情况，熟悉实际施工内容的变化情况，尤其是相邻地块之间多种因素相互制约所导致界面动态变化。施工总控在园区项目开工之前，在研究设计工况的前提下，对未来施工过程中可能存在的界面问题进行识别和分析，研判各个界面问题所造成的工期上、质量上、投资上的风险，形成清单，并进行动态更新，不断调整。

3. 跟进界面的动态变化

界面管理是一个动态的管理过程，一方面需要对前期策划理论与现场实际做好衔接，前期策划向各参建方交底，落实前期策划内容，根据计划同步更新界面管理；另一方面还需要时刻根据现场实际情况，动态跟踪与调整界面管理策略，阶段性把控关键节点，必要时结合实际采取纠偏措施，保证片区开发正常有序进行。

区域整体开发的前期策划一般是依据现有图纸并结合以往项目经验所制定，而在实际过程中，往往会受制于现场场地清表未完成、地下原始管线尚未搬迁等不可控因素影响，导致本地块施工计划延后。区域整体开发的一大特点在于多地块之间施工计划存在着环环相扣的现象，单一或多个地块施工计划的延后，需要施工总控团队重新审视原有的施工计划，及时跟进因单一或多个地块施工计划延后所涉及的界面影响程度，及时协调各方并调整方案，确保整体进度计划不受影响。

4. 协调相邻项目的建设时序

建设时序是指在一定投资规模下，片区开发项目群中各单体项目建设的先后顺序及相互之间的搭接关系，以保证复杂项目群在最短工期内获得最大的综合效益。建设时序注重项目群内部不同单体工程之间在时间、空间维度上的相互关系。片区开发复杂项目群的建设时序策划应遵循安全性、经济性、综合平衡、系统性、功能实现、工期实现等原则，旨在保证安全的前提下，充分考虑项目群系统工程完整以及特定投资，各项目之间在时空上充分配合、充分交圈、相互支持，从而达成按时、保质交付的目的。

世博文化公园作为上海市整体片区开发的代表性项目，建设主体你中有我我中有你，项目集约程度高且交叉复杂，建设时序的策划至关重要，直接决定项目推进是否顺利、能否按期交付，是否能实现投资经济效益最大化。世博文化公园施工总控在详细梳理了各项目背景、规模、复杂程度，项目工程需求、相互制约因素、工期、施工工艺逻辑、资金计划等各方面信息后，辅之以BIM模拟手段，对园区所有项目的建设进行了时空间安排并编制成书面文件进行跟踪督办。

9.3.2 界面管理的方法

区域整体开发所涉及的工程类型多样、建设时序复杂、不同地块之间的搭接与影响需要结合项目情况统筹分析，需要通过一系列信息化手段辅助界面管理的研究工作，结合以往区域整体开发的实际案例来看，目前界面管理的方法主要有以下三种。

1. CAD片区动态更新总图

目前的设计、施工图纸仍然需要依赖CAD平台，以平、立、剖等三视图的方式展现。而在区域整体开发过程中往往涉及多个设计、施工单位，单一图纸并不能统筹考虑片区整体开发的关系，不能反映地块之间的衔接关系，施工总控针对区域片区整体开发项目的这一特点，秉持全盘一张图的理念，将各地块图纸通过CAD平台动态更新到一张图上，统筹分析以辅助片区整体开发的界面管理。

2. 无人机航拍

无人机作为当前最热门的拍照摄影形式，其在工程建设领域中的应用也是十分有意义的。总控团队通过无人机将园区整体面貌进行拍摄，重点聚焦多家单位交界处，拍摄界面管理重难区域和紧迫区域，从而为界面管控工作提供直观的图像，直接体现项目总体进度、界面处最新动态，便于进一步安排和调整。

3. BIM片区建设时序模拟

BIM技术是基于建筑工程项目的各种相关信息数据，通过建立数字模型，贯穿于工程设计、施工管理、项目协同作业、运维等多个环节中，在工程全生命周期管理中发挥着不可替代的作用。

施工总控团队运用BIM技术，结合区域开发整体的建设时序策划，将空间信息与时间信息相互整合到一起，从而实现片区建设时序的三维可视化模拟效果，能够更好地展现同一时间不同地块的施工情况，进一步验证建设时策划的可靠性，运用BIM三维可视化手段进行片区开发建设的界面管理，进一步避免片区开发过程中出现交叉（重叠）、漏项、纠纷（冲突）。

9.4 园区界面管理案例

9.4.1 园区内子项目基本情况

1. 上海市轨道交通19号线后滩站项目

上海市轨道交通19号线后滩站位于浦东新区后滩地区，济明路与通耀路交叉口北侧，沿济明路南北向布置，与既有7号线后滩站形成通道换乘。

车站站型为地下三层侧式车站，两股正线之间设有存车线。主体建筑规模为304m（结构净长）×31.44m（结构净宽），主体建筑面积27147.3m^2，有效站台长度141m，站台宽度为9.35m+9.35m。附属建筑面积7272.6m^2，总建筑面积34419.9m^2。

车站共设置7个出地面出入口，其中1号、2号、3号出入口位于车站东侧，1号、2号出入口接入双子山敞开式下沉广场，3号出入口设置于马术公园内（由公园代建）；4号、5号、6号、7号出入口位于车站西侧，与世界花艺园下沉式广场结合设置。车站设2组风亭组，其中2号风亭（图9-3中E区）位于车站东北端，1号风亭（图9-3中C区）位于西南端。换乘通道分为顶管始发井、顶管接收井和顶管段实施，其中顶管始发井从后滩站地下二层站厅层付费区接出（图9-3中D区），顶管接收井和环通广场7号线接口。

2. 上海市世界花艺园项目

世博文化公园（雪野路以南）西区项目为世界花艺园区域，主要工程内容包括绿化景观工程、世界花艺园地下建筑工程、新建地上配套建筑工程和后滩公交枢纽工程（含公交智能化信息系统），同步实施景观水体、给水排水、电气照明等工程以及为了完成上述工程所需的一切工作内容。另外包括地下障碍物清除及外运处理、施工期管线拆除和过渡、绿化搬迁（含补偿）等，以及核准批复的清单汇总表中所含的所有工程内容。

花艺园项目总建设用地面积154163m^2，其中核准批复新建绿地面积124258m^2，园路及铺装场地用地23034m^2，印象水园景观水体面积2439m^2。新建及改造建筑面积60885m^2，其中地上建筑面积4085m^2（含后滩公交枢纽建筑面积335m^2），世界花艺园地下建筑面积 56800m^2。世界花艺园基坑深度约 11m，部分围护与顶管始发井和 2 号风亭共墙；其地块划分为基坑（A-1 ~ A-3 区）和隔离基坑（B-1 ~ B-7 区）。

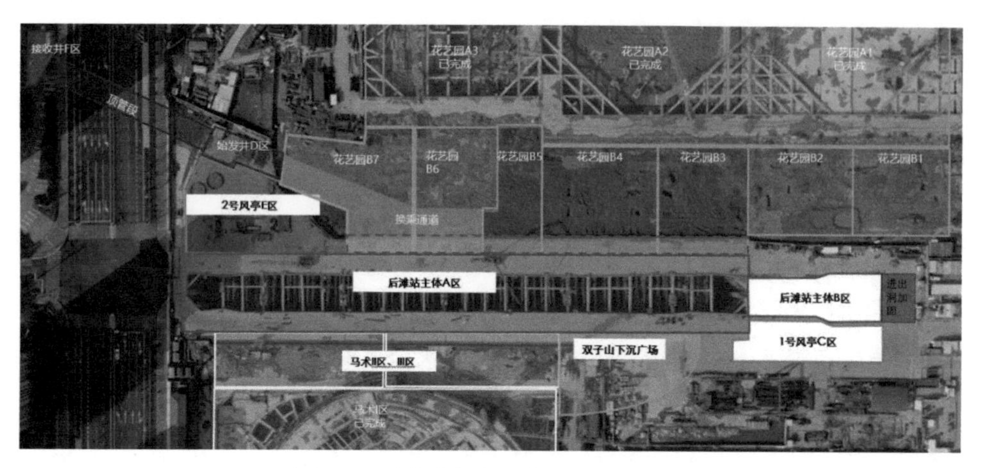

图 9-3　后滩站与世界花艺园空间关系

9.4.2　界面问题分析

项目建设伊始，施工总控团队根据花艺园和后滩站的工程概况、技术文件、施工组织设计，准确、全面识别出花艺园与后滩站在后续建设中存在的界面问题，并形成风险清单，部分见表 9-2。

花艺园与后滩站界面风险清单　　表 9-2

序号	问题描述	风险分析	解决措施
1	花艺园与后滩站共墙，且地铁后滩站基坑施工要求隔离基坑，二者在施工时空上存在矛盾	二者相互制约，若无统筹，将严重影响工期进度，甚至造成后实施者无法开展施工	BIM 模拟时序策划；合理布置临时道路交通、堆场；场地借用管理；无人机航拍跟踪
2	花艺园 B3 区隔离基坑范围内有后滩站的接入口，花艺园红线外，但有人防施工要求	人防标准不统一，影响整体性	专题会议；合同界面切分
3	后滩站主体车站进出口的施工、资料统一问题	面临资料归档和验收不通过的风险	专题会议；责任归属

针对以上界面风险清单内的问题，施工总控在过程中统筹组织了多次策划会议、协调会议，通过一系列手段进行一一解决。

1. 相邻基坑施工时序协调

世界花艺园地下车库共分 12 个基坑，即地铁保护范围内（根据地铁设计、施工评审方案，需在地铁基坑边缘 50m 保护范围内设置隔离区）设 7 只隔离坑（B1 ~ B7）；

地铁保护范围外设 3 只主坑（A1 ~ A3）; 汽车坡道窄条基坑 2 个。在花艺园和后滩站施工前需进行基坑施工时序策划，并与申通地铁监护办尽早沟通，达成共识后方可组织专家评审。

（1）后滩站 A 坑最早施工，待地下结构回筑完成后，其相邻花艺园 B3、B4、B5 坑具备开挖条件并同步开挖。

（2）后滩站 B 坑待 A 坑地下结构回筑完成后开始，因基坑较花艺园 B1、B2 坑深，为减少相互影响，避免超挖，待后滩站 B 坑地下结构回筑完成后，B1、B2 坑同步开挖。

（3）后滩站始发井结构完成后，花艺园 B6、B7 坑具备开挖条件并同步开挖。

（4）花艺园 B6、B7 基坑与后滩站换乘通道共建，涉及基坑围护、桩基设计方案需两家设计会签确认，两家建设单位代建方案确认。

在项目推进过程中，由于各种不确定因素的影响，往往会导致初始策划不适应当前形势，这也要求在策划实施过程中需紧密跟踪、动态调整。2023 年 5 月 17 日施工总控组织花艺园与后滩站基坑业主、施工、设计、监理召开花艺园与后滩站专题协调会，一起梳理了后续建设时序、场地移交、施工界面、场地预留、代建管理等事宜，从而加快花艺园 B6、B7 区和地铁 2 号风亭的施工进度，满足 2023 年全面建成的目标要求。

（1）花艺园 B6、B7 基坑土方开挖，前置条件为地铁后滩站始发井 D 区和后滩站 A 坑结构封顶。

（2）地铁后滩站 2 号风亭土方开挖，前置条件为花艺园 B6、B7 主体结构中板完成。

（3）花艺园南入口广场景观绿化施工，前置条件为后滩站 2 号风亭结构封顶，并完成防水、覆土（图 9-4、表 9-3）。

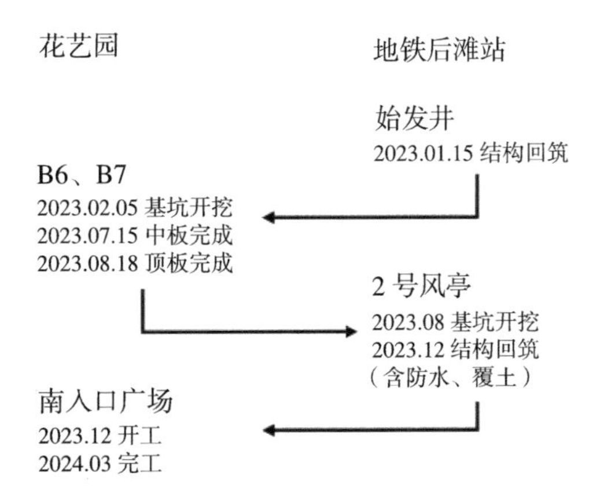

图 9-4　施工时序示意图

B6、B7 基坑与地铁后滩站 2 号风亭建设时序表　表 9-3

序号	施工内容	前置条件
1	B6、B7 土方开挖	地铁始发井、后滩站 A 坑结构封顶
2	2 号风亭土方开挖	B6、B7 中板制作完成
3	B6、B7 拆第四道支撑	B6、B7 底板达到强度
4	B6、B7 拆第三道支撑	2 号风亭开挖见底
5	南入口广场景观绿化	2 号风亭结构封顶，防水、拆撑完成

2. 相邻项目借、交地协调

在后滩站主体结构施工期间，花艺园 B 区需借给地铁站进行临时使用，签订借地协议，明确借用场地范围、借用期限、场地借用方式、甲乙双方权利义务、合同解除及其他违约责任、借用场地的归还要求、争议处理和其他补充条款，通过严谨的文字描述和有法律效力的签章，在书面约束的基础上，实现了借还地工作的顺利开展，进一步促进了甲乙双方项目建设的和谐、有序及快速推进。

经施工总控协调，明确 19 号线后滩站项目归还花艺园场地的时间和范围，并签订借地管理协议，见图 9-5。

（1）2023 年 2 月 5 日前归还 B7 隔离基坑；

（2）2023 年 12 月前归还始发井（与 2 号风亭同步移交）；

（3）2023 年 12 月 15 日前归还 2 号风亭。

注：后滩站于 2023 年 2 月 5 日移交相关场地给花艺园，使花艺园 B7 区具备基坑开挖条件；花艺园于 2023 年 7 月 15 日移交相关场地给后滩站，使 2 号风亭具备基坑开挖条件（需双方设计确认）。根据后滩站还地时间，花艺园景观绿化完工时间：2024 年 4 月底。

3. 共建区域人防标准协调

花艺园 B3 区隔离基坑范围内，有后滩站接花艺园的出入口结构（属于后滩站的 7 号口和 6 号口），该段连通口位于花艺园项目红线范围外，建筑面积在后滩站的规划许可证内。考虑到人防工程的相关要求，若将该两处结构归为后滩站施工对人防工程的整体性产生不利影响。在施工界面切割、资料闭环如何解决，值得商榷。施工总控组织花艺园、后滩站两个项目的建设单位、设计单位、施工单位、监理单位，一同探讨了 6 号、7 号出入口的施工界面问题。所得结论如下。

（1）基于施工界面的合理性要求，6 号、7 号出入口建筑结构、建筑防水等施工项目（以花艺园基坑内的伸缩缝为分界点）由花艺园施工单位代为实施，质量验收及合

合同编号：轨 19（预留）-Q-2020-003-13

上海市轨道交通 19 号线
世博文化公园地下空间预留工程

前期工程合同

合同名称：轨道交通 19 号线后滩站施工借用世博文化公园建设用地协议书

签约时间：2020 年 3 月

甲方：上海世博文化公园建设管理有限公司

乙方：上海申通地铁集团有限公司

轨道交通 19 号线后滩站施工借用世博文化公园建设用地协议书

甲方（出借方）：上海世博文化公园建设管理有限公司

乙方（使用方）：上海申通地铁集团有限公司

为配合上海轨道交通 19 号线后滩站土建工程项目建设顺利进行，确保甲乙双方的合法权益，经甲乙双方友好协商，就乙方借用甲方世博文化公园部分建设用地的相关事宜经协商达成协议如下：

第一条　借用场地范围

乙方为上海轨道交通 19 号线后滩站土建工程项目施工需要，借用甲方世博文化公园南区部分建设用地作为施工用地、材料堆场、办公区及生活区临时用地，借地面积为：39000 m^2，具体借地位置与范围如附件 1 所示。

第二条　借用期限

借用期限自 2020 年 3 月 18 日起，其中地铁后滩站施工借用的世界花艺园隔离基坑及下沉广场基坑场地（具体范围见附件 2）须于 2021 年 7 月 31 日前归还，如到期无法归还，甲乙双方另行商议解决；其余借用场地须于 2022 年 8 月 15 日前归还。甲方须于 2020 年 3 月 18 日前向乙方交付借用场地的使用权。

附件 1：借地位置与范围示意图

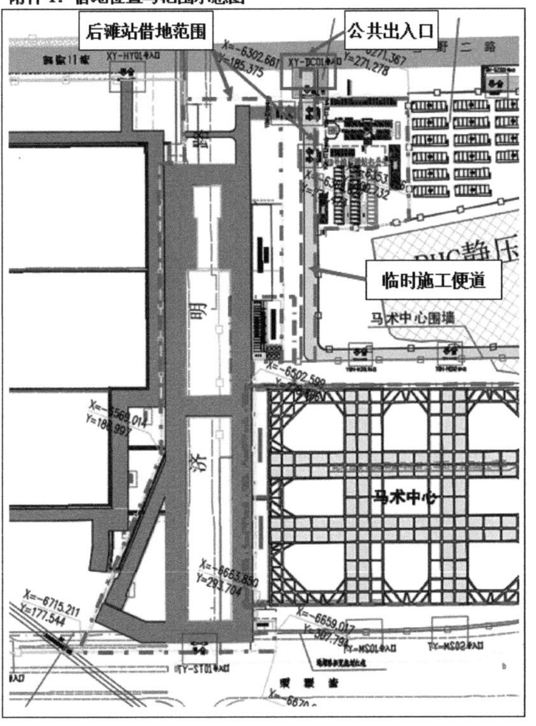

附件 2：借地归还范围示意图

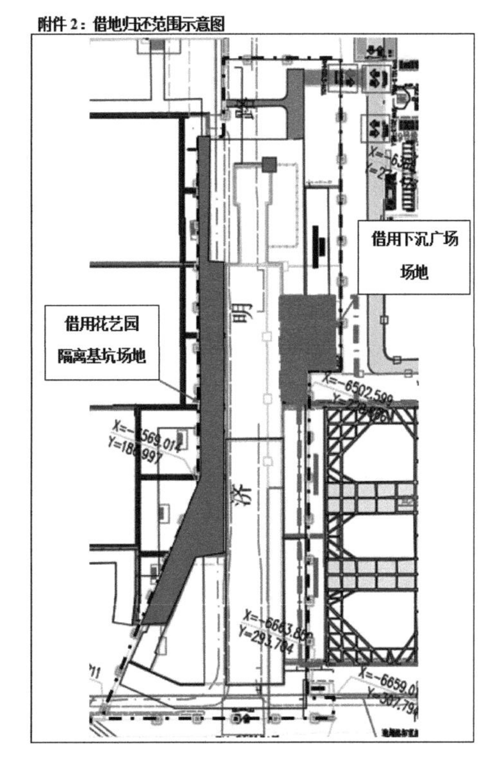

图 9-5　后滩站与世界花艺园借地协议书

同商务部分由花艺园和后滩站两家建设单位协商确定，确保后续质监、工程款支付及结算等方面的有序、合法开展。

（2）为满足工况调整的要求，花艺园 B7 区需增加栈桥以便地铁连通道区域的土方开挖。

4. 共建区域施工管理及验收协调

后滩站主体车站进出口，下二层开挖及结构回筑的工程验收和资料归档如何安排；下二层有 3 个人防门需要安装，申报验收及图纸如何考虑；后续门洞开设及始发井封堵墙凿除，后由各方协商，得出如下结论：

（1）代建工程施工管理等由地铁建设单位委托花艺园建设单位进行管理，并由上海世园承担施工管理责任。

（2）地铁建设单位负责牵头协调换乘通道地下二层受监主体变更事宜，组织市安质监总站和市交通委质监站开会协调操作路径及方式，花艺园建设单位予以配合。

（3）花艺园建设单位负责换乘通道地下二层土建质量监督验收工作，其余验收工作由地铁建设单位负责。

（4）花艺园地下空间与 19 号线后滩站主体五个连通道的封堵（含拆除）由花艺园建设单位在花艺园红线内负责实施，连通道的共墙开洞由地铁建设单位负责实施。

世界花艺园和后滩站由于界面复杂、二者时空逻辑性强，因此由施工总控牵头，各相关建设主体经多轮沟通、反复研究、动态调整时序策划和界面管理，历时一年半左右，顺利完成世界花艺园和后滩站的建设任务，也验证了施工总控在界面管理方面的成绩与效果。

9.5 管理工作总结

上海世博文化公园自 2020 年初开工后，施工总控迅速进入并开展工作。截至 2023 年底，共经历三年时间。在整个建设期间，施工总控始终将项目建设的各项任务作为最高目标，不断突破和创新管理手段，完善了一个又一个模式和流程，为项目信息流通、上层决策、下层实施搭建了平台、提供了依据，解决了由项目多、周期长、技术复杂、建设标准高、信息量大等特点带来的管控难题，切实推动了项目的快速顺利前进。

其中，界面管理作为总控工作中的重点板块，在团队反复研究、多次模拟下，实现了一个又一个管理目标。界面管理主要形成界面专题会议纪要 36 份，解决实际界面问题 22 项，解决了如花艺园和后滩站建设时空矛盾问题、温室花园与北区 1 标的界面复杂问题等，为项目实际推进节约三个月，切切实实为项目建设做出卓越的贡献。但由于施工总控在管控过程中，仅局限于施工阶段的实体界面管理，未曾将界面管理延伸至前期设计界面、合同界面上，导致一些由于设计、合同包划分不当引起的界面问题未得到及时识别并进行预控，从而造成合同内容交叉、工作面交叉、设计图纸交叉或漏缺等制约进度和质量的情况。因此，施工总控单位应充分总结经验和教训，界面管理工作前移，从设计图纸、合同包切分等源头上解决界面问题，这也是接下来总控工作的重要突破点之一。

10 金桥城市副中心交通组织管理案例

10.1 项目简介

金桥城市副中心坐落于浦东东北部地区、位于南北科创走廊，其定位是以商务办公、文化休闲、会议展示、创意研发、生态游憩为主要功能的城市副中心。金桥城市副中心整体规划面积 4.5km^2，规划开发规模共计约 690 万 m^2。其中，副中心核心区域规划面积 1.5km^2。

先行开发建设的首期开发区域位于副中心核心区的显著位置，秉承“整体打造蓝绿交织、职住相邻、地上地下一体化的城市空间。让工作在这里的人，留下来生活”的开发愿景，将着力建设成具有全球影响力的、创新智造云集、综合服务完善、富有国际魅力的高品质城市副中心。区域规划面积 0.25km^2，规划总建筑面积 100 万 m^2。位于新金桥路、金科路、川桥路和中环路围合而成的区域内。根据总体规划，区域内主要包含的建设项目如下（图 10-1）：

图 10-1　首开区建设项目概况

（1）国培项目：总建筑面积 14.4 万 m^2，4 栋塔楼，建筑高度分别为 100m、60m、60m、60m；

（2）美亚项目：总建筑面积 18 万 m^2，3 栋塔楼，建筑高度分别为 170m、100m、100m；

（3）春宇项目：总建筑面积 34 万 m^2，2 栋塔楼，建筑高度分别为 330m、200m；

（4）金科路隧道：工程起点位于杨高中路至金海路，工程终点位于中环路至金桥路，区域范围内长度约 1.8km，其中隧道段长度约 1.4km；

（5）中央公园：总占地面积约 13 公顷，位于“首期开发区域”核心位置，左半环占地 5.9 公顷，建筑面积 37.7 万 m^2；

（6）河底连通：河道长 450m，河底二层空间 5 万 m^2；

（7）地面道路：包括规划纵一路、规划横六路、规划横三路、金藏路，随各地块同步实施。

金环首开区域内还包括：高压线入地搬迁、地面道路改造等系列配套工程，以及区域内地下空间（包括道路下地下空间）一体化开发。采用“四个统一”整体开发模式，即统一规划、统一设计、统一建设、统一管理，确保高水平规划、高质量建设、高效率运营。

10.2 服务内容

金桥城市副中心首期开发区建设项目，面临统筹管理难度高、工程体量大、涉及施工单位多、建设周期长、进度压力大、建设标准高、工艺技术复杂等挑战。作为片区施工总控，旨在统筹协调片区高品质开发，整体层面做到“统一策划、统一管理”，实现投资总控、施工总控、设计总控，三大总控界面协调，建立健全管理制度。具体通过计划管理、界面管理、信息管理、第三方巡查、科研及培训管理、多项技术及专题研究等八大方面进行落实管控，实现“1+1+3+5+N”的服务内容。

首期开发区域位于三条主干道交汇处，原用地以工业用地为主、独立地块面积较大、路网密度较低且施工期间大量施工车辆与业务车辆进出，给区域内及周边道路带来显著交通压力与较大安全隐患。从社会影响方面出发，施工交通带来的不利影响因素将影响社会公信力。所以预先对各施工阶段进行交通仿真模拟，预判可能出现的问题并提出解决方法能有效预防区域交通冲突。

10.3 交通仿真模拟

10.3.1 交通模拟目的

在“四个统一”整体开发模式的指导下，区域多个项目同时开工，大量施工车辆与业务车辆进出，为区域内及周边道路带来显著交通压力与较大安全隐患。施工期间交通组织的重要性不言而喻；而交通组织方案设计存在一定的主观因素，且实施代价较大，所以应当进行交通仿真对方案的有效性进行验证，并根据验证结果对方案及时进行优化调整。区域施工期间交通组织方案仿真模拟的目的具体包括以下两点。

（1）基于区域开发施工阶段安排，为不同施工阶段的交通组织分别建立仿真路网模型，通过交通仿真模拟，验证施工各阶段交通组织方案的有效性。即通过基于VISSIM的交通仿真，评估在当前施工期间交通组织方案下，区域内部及周边路网是否会产生拥堵，产生拥堵的程度及其影响范围。

（2）根据区域开发施工期间各个阶段的交通组织方案仿真计算评价结果，结合区域实际情况，对施工期间各阶段交通组织方案中产生交通影响阶段提前进行方案调整或提前提出优化措施。

10.3.2 交通仿真模拟技术路线

通过项目资料、现状调研进行路网模型搭建。对现状交叉口服务水平、路网车辆密度、路网整体性能进行分析。摸清现状路网交通情况后，结合区域开发各阶段施工项目出入口、施工车辆数量、施工车辆行驶路线、施工车辆行驶规律及路网结构变化进行阶段模型搭建；通过模型对区域开发全生命周期施工交通运行情况进行可视化微观仿真模拟；基于模拟结论对区域开发周期中的施工交通进行研判并提出相应改善建议（图 10-2）。

1. 数据收集与处理

（1）现状交通数据：收集和处理研究基年交通流量、交通信号配时、车辆类型数据。

（2）规划与开发数据：收集区域规划数据，包括土地使用规划、项目技术经济指标、基础设施规划等。

（3）社会经济数据：收集人口、出行量、出行方式等相关数据。

（4）地理空间数据：收集道路网线型（结构）、交叉口分布及渠化设置、公共交通线路等地理信息。

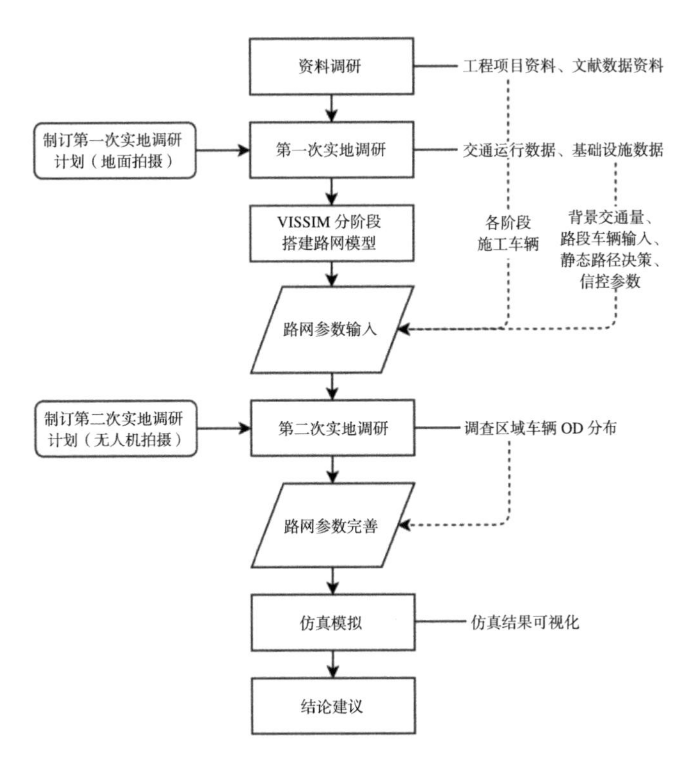

图 10-2　交通仿真模拟技术路线

2. 模型选择与构建

（1）现状模型：根据现状数据收集搭建现状路网交通模型。

（2）施工交通需求模型：构建基于三阶段模型（产生、分布、路径选择）的交通需求仿真模型。

（3）交通流模型：选择构建微观交通流模型，分阶段模拟施工车辆与社会车辆在路网中的动态流动。

3. 仿真场景设计

（1）现状模拟：建立现状交通情况基准模型，用于进行验证和校准。

（2）仿真场景模型：设计不同开发阶段仿真场景，预测各开发阶段交通需求和流量变化。

（3）特殊场景：模拟开发过程中个别阶段路网结构变化对区域交通的影响。

4. 仿真运行与分析

（1）仿真运行：在仿真软件中运行模型，生成交通流量、速度、延误、排队长度等并输出结果。

（2）结果分析：分析仿真结果，识别交通瓶颈、拥堵点和潜在改进区域。

（3）敏感性分析：通过改变输入参数进行敏感性分析，评估不同变量对交通系统的影响。

5. 优化与改进建议

（1）信号优化：优化交通信号配时，提高通行效率。

（2）道路网络优化：模拟新建道路或改扩建道路的交通影响，评估其对交通流量和通行效率的改善建议。

（3）交通管理措施：提出建设过程中施工车辆诱导、限行、临时划线等管理措施。

6. 报告与展示

（1）分析报告：编写详细的交通仿真分析报告，包含数据来源、现状交通数据及分析、模型构建、仿真结果、优化建议等内容。

（2）可视化展示：通过图表、软件输出成像、分析图等直观展示交通仿真结果和优化方案。

这些服务内容相互关联，共同构成了全面、系统的交通仿真模拟服务，旨在为区域开发和交通管理方面提供科学、准确的决策支持。

10.3.3 现状数据收集

1. 道路网基础数据收集

通过对研究范围内各道路详细调研（表 10-1），计算得出研究区域的路网密度约为 7.27km/km^2。其中主干路路网密度为 3.18km/km^2，次干路路网密度为 1.5km/km^2，支路路网密度为 2.73km/km^2。支路的路网密度较低（图 10-3）。

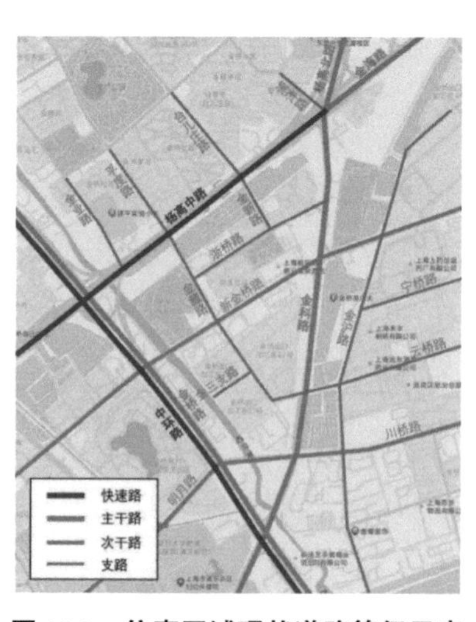

图 10-3 仿真区域现状道路等级示意

仿真区域交通基础设施现状表　　表 10-1

道路名称	道路等级	走向	研究范围内路段长度	横断面形式	中央分隔形式	双向车道数（机动车）	公交专用道	路内停车
杨高中路	快速路	东西	1.7km	两块板（主路）	物理隔离	3+3（主路）	无	不允许
金桥路	主干路	南北	1.9km	四块板	物理隔离（绿化带）	4+4/5+5/6+4	有	不允许
金科路	主干路	南北	2.3km	四块板	物理隔离（绿化带）	3+3/4+4/4+3	已停用	不允许
新金桥路	次干路	东西	1.7km	三块板 / 两块板	双黄线 / 物理隔离（绿化带）	2+2	无	不允许
川桥路	次干路	东西	0.9km	三块板	双黄线	2+2	无	不允许
金藏路	支路	南北	0.8km	一块板	单黄线	1+1/2+1	无	不允许
金新路	支路	南北	0.3km	一块板	单黄线	1+1	无	不允许
浙桥路	支路	东西	0.7km	一块板	单黄线	1+1/1+2	无	不允许但存在
云桥路	支路	东西	0.7km	一块板	单黄线	1+1	无	不允许
金沪路	支路	南北	1.4km	一块板	单黄线	1+1	无	不允许
金三支路	支路	东西	0.2km	一块板	无	1+1	无	允许
金业路	支路	南北	0.4km	一块板	无	1+1	无	不允许
平度路	支路	南北	0.4km	一块板	单黄线	1+1	无	允许
台儿庄路	支路	南北	0.4km	一块板	单黄线	1+1	无	允许
浦泽路	支路	南北	0.2km	一块板	无	1+1	无	不允许
杨高北路	主干路	南北	0.6km	—	—	—	无	不允许
金海路	主干路	东西	0.5km	四块板	物理隔离（施工区）	4+3	无	不允许
宁桥路	支路	东西	0.5km	一块板	单黄线	1+1	无	允许
明月路	次干路	东西	0.4km	两块板	物理隔离（绿化带）	2+2	无	不允许

2. 现状交通流数据调研

基于实地交通调研，获取的研究区域内 19 个信号控制交叉口（图 10-4）全时段交通流量数据（表 10-2 对交叉口 1 早高峰流量调研数据进行示意，平峰与晚高峰数据同理；因数据量较大无法全面展示）。因不同车型行驶逻辑不同，本次分为 7 种车型统计。

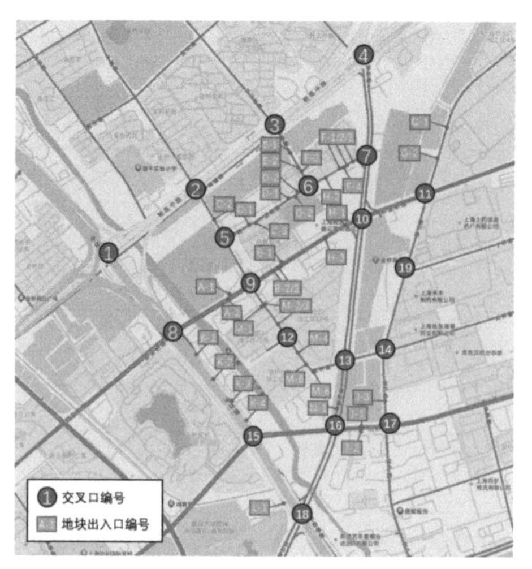

图 10-4　区域现状交叉口点位示意

交叉口 1 早高峰流量调研数据　　　　**表 10-2**

交叉口编号	采集时长（s）	进口方向	方向	小客	中客	大客	小货	中货	大货	公交	PCU（h）	进口道总流量	出口道总流量（辆/h）
1	1440	N	右转	12							38	721	995
	1440		直行	259			3			11	714		
	1440		左转	72			1			12	244		
	1440		掉头										
	1200	E	右转	60			1			8	233	565	836
	1200		直行	89		2			1	5	318		
	1200		左转	95							285		
	1200		掉头										
	1440	S	右转	12		1					42	1234	578
	1440		直行	115			3			10	419		
	1440		左转	37		1					117		
	1440		掉头										
	1200	W	右转	81			2			5	235	473	584
	1200		直行	98			1			6	279		
	1200		左转	28							70		
	1200		掉头										
……													
19	1200	S	右转	46		7	2				189	95	336
	1200		直行	25	3	8	1			1	147		
	1200		左转										
	1200		掉头										

研究区域内路网中运行的车辆不仅由研究区域的路网边缘驶入或驶离，同时相当一部分车辆由道路沿线各个地块驶入和驶出研究区域。基于实地交通调研，获取研究区域内各个地块机动车出入口的出入流量。

区域内各地块进出口早高峰流量及区域内关键道路（以金科路为例）起讫点（OD）早高峰流量（表10-3、表10-4）。考虑到不同时段下交通流运行状态的差异性，除早高峰外，调查时还需采集了平峰、晚高峰时段的交通数据，模型在进行背景交通量输入时，针对每个施工阶段，也分早、晚高峰和平峰三个时段进行设置。基于三个时段对交通流进行运行和评价，可获取更加准确的运行状态和更精确的仿真结果。

区域内部地块进出流量（早高峰）示意　　**表10-3**

进出口编号	进出口	早高峰						运行能力（PCU/h）	
		小客	中客	大客	小货	中货	大货		
A-1	进	19						38	57
	出	8			1			19	
A-2	进	8						16	37
	出	9	1					21	
B-1	进	37			1			77	92
	出	6			1			15	
B-2	进	25			2			56	56
	出							0	
B-3	进							0	12
	出	6						12	
……									
M-4	进	76						152	160
	出	4						8	
M-5	进	1						2	2
	出							0	
M-6	进					3		15	15
	出							0	

关键 OD 调研结果（早高峰）示意 **表 10-4**

金科路		讫点								
		A	B	1	21	31	41	40	30	20
起点	A	0	56	69	53	5	29	24	15	60
		0%	18%	22%	17%	2%	9%	8%	5%	19%
	B	24	0	2	0	29	0	104	97	73
		7%	0%	1%	0%	9%	0%	32%	29%	22%
	1	23	12	0	1	0	0	11	4	26
		30%	16%	0%	1%	0%	0%	14%	5%	34%
	21	12	4	0	0	1	2	3	1	160
		7%	2%	0%	0%	1%	1%	2%	1%	87%
	31	0	17	0	0	0	0	13	41	0
		0%	24%	0%	0%	0%	0%	18%	58%	0%
	41	6	7	0	0	2	0	115	12	7
		4%	5%	0%	0%	1%	0%	77%	8%	5%
	40	3	13	2	1	5	42	0	3	0
		4%	19%	3%	1%	7%	61%	0%	4%	0%
	30	2	0	1	2	30	0	0	0	0
		6%	0%	3%	6%	86%	0%	0%	0%	0%
	20	2	31	24	62	2	6	1	0	0
		2%	24%	19%	48%	2%	5%	1%	0%	0%

此外，对于一些交通设计较为复杂的区域，进行更详细的调研，并且在模型中也需相应进行精细化处理。

10.3.4 仿真模型搭建

1. 仿真软件选择

交通仿真软件主要按照仿真范围与精细程度，可分为宏观交通仿真软件与中微观交通仿真软件。目前主流的宏观交通仿真软件主要包括美国 CALIPER 公司开发的 TransCAD 与德国 PTV 集团开发的 PTV-Visum 软件；主流的微观交通仿真软件主要包括德国 PTV 集团开发的 PTV-VISSIM 与国内济达交通科技有限公司研发的 TESS NG 软件。

因本项目施工期间需交通精细化组织分析，因此拟选用 PTV-VISSIM 微观交通仿真软件进行交通仿真。通过 VISSIM 软件，用户可使用提供的交通要素构建交通场景，从而模拟路网中车辆、行人和其他交通参与者的活动和行为。本项目主要以修改交通要素的具体参数，如车辆类型、期望速度、优先规则等，以模拟不同情况下的交通运行状态；通过交通仿真模拟获取各施工阶段研究区域内交通运行状况，为片区施工期间交通组织提出优化建议。

2. 仿真建模技术路线

本章基于 PTV-VISSIM 的微观交通仿真建模技术路线如图 10-5 所示，主要包括路网基础设置、背景交通量输入、分阶段调整及施工车辆输入、仿真与评价四个阶段。

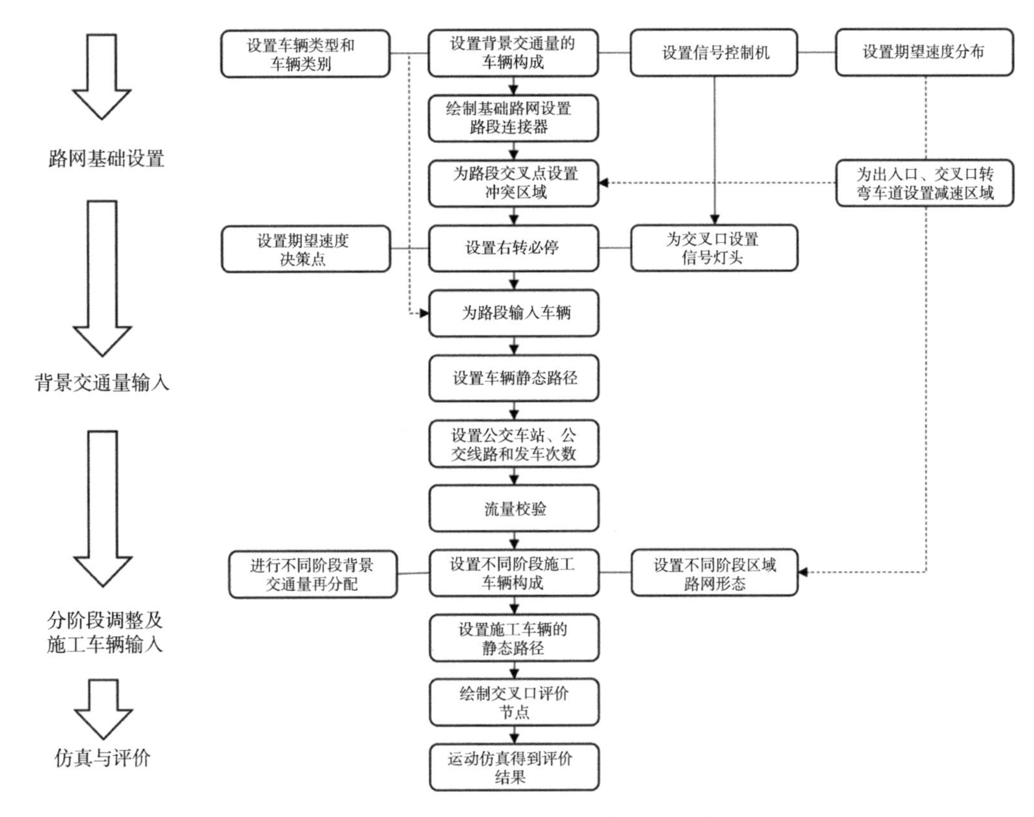

图 10-5　PTV-VISSIM 仿真建模技术路线

3. 现状基础模型搭建

基于实地调研采集的现状交通流数据，对研究区域内现状早高峰、平峰、晚高峰时段的交通运行情况在 PTV-VISSIM 中进行了还原，并分别模拟各时段的区域路网交通流量分布、交通流密度分布及各个交叉口的服务水平，如图 10-6 所示。

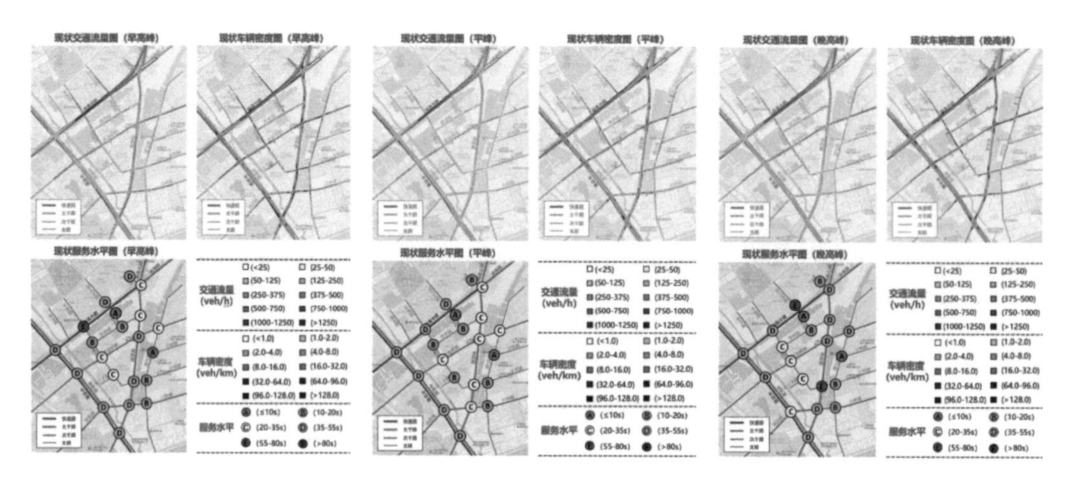

图 10-6　仿真区域现状交通流特征

基于区域交通流现状调研结果，可以分析得到以下初步结论：

（1）交通仿真研究区域内交通流潮汐现象较明显，早高峰时段潮汐交通流更为显著。

（2）区域内各等级道路功能分工明确，长距离交通主要由两条快速路（中环路、杨高路）承担，区域内各地面道路主要承担到发、集散功能。

（3）早晚高峰时段部分交叉口非机动车会对右转机动车辆产生较为明显的干扰。早高峰时段机动车流量较大，同时绿灯时长较短，交叉口通过能力受到非机动车影响进一步降低，导致早高峰时段受影响路口拥堵显著。

（4）金科路在研究区域内的区段主要承担中短距离过境功能和承载区域内部地块及区域东侧产业社区吸引的交通量。

4. 阶段路网模型搭建

本项目开发施工过程，根据项目开设数量、各开设项目建设阶段、片区项目搭接情况等可划分为 10 个阶段（图 10-7），时间跨度从 2021 年至 2028 年。因片区涉及道路新建和道路改造项目，交通仿真建模研究区域内路网会随着片区开发进程的推进不断发生变化，因此需要基于 VISSIM 对每个施工阶段分别搭建基础路网模型。

分阶段路网模型搭建过程中结合区域项目开设情况与建设阶段，添加施工进出口信息。本次选取涉及路网变化、施工地块搭接多、施工阶段复杂、施工车辆多的阶段⑤（图 10-8）进行举例分析。

施工阶段⑤施工项目包括：1851 项目、元一项目、元二项目、金科路下穿项目、河底连廊项目、中央公园项目。

阶段⑤基于现状路网修改金科路下穿项目保通道路线型、增加规划纵一路临时施工便道线型、增加中央公园北侧临时施工便道。因金科路下穿隧道项目，施工期间在原道路两侧设置占一保一的保通道路，保证原道路双向六车道通行能力；导致金科路施工范围内道路线型与总体道路宽度产生较大变化。并增设规划纵一路临时道路（双向 2 车道）供河底连廊项目施工车辆通行；另在规划纵一路临时施工便道最北侧增设河底连廊项目施工进出口。区域道路模型搭建如图 10-9 所示。

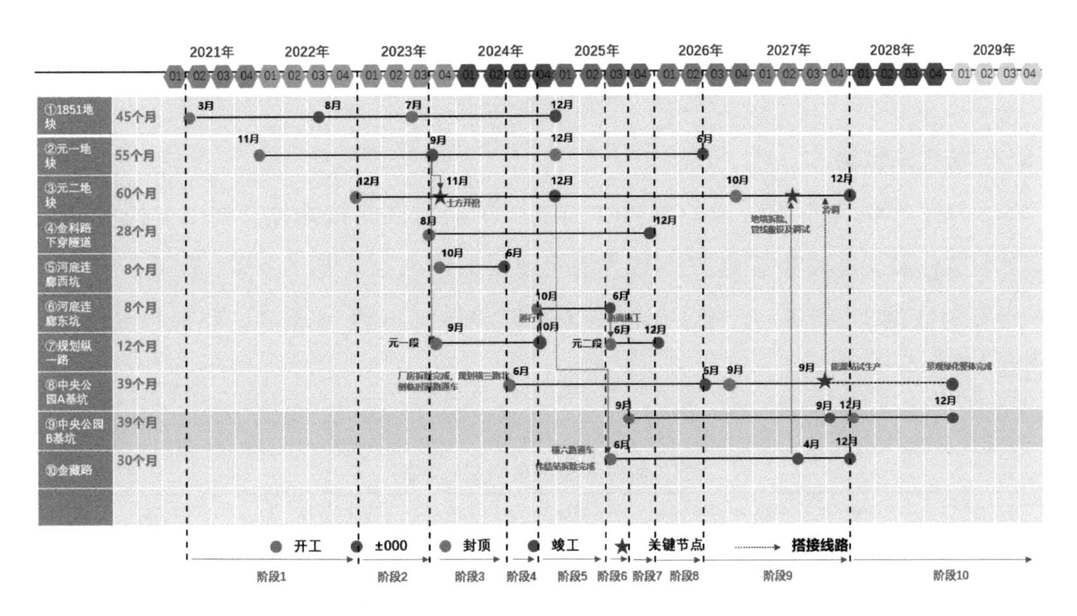

图 10-7　研究区域施工阶段策划图

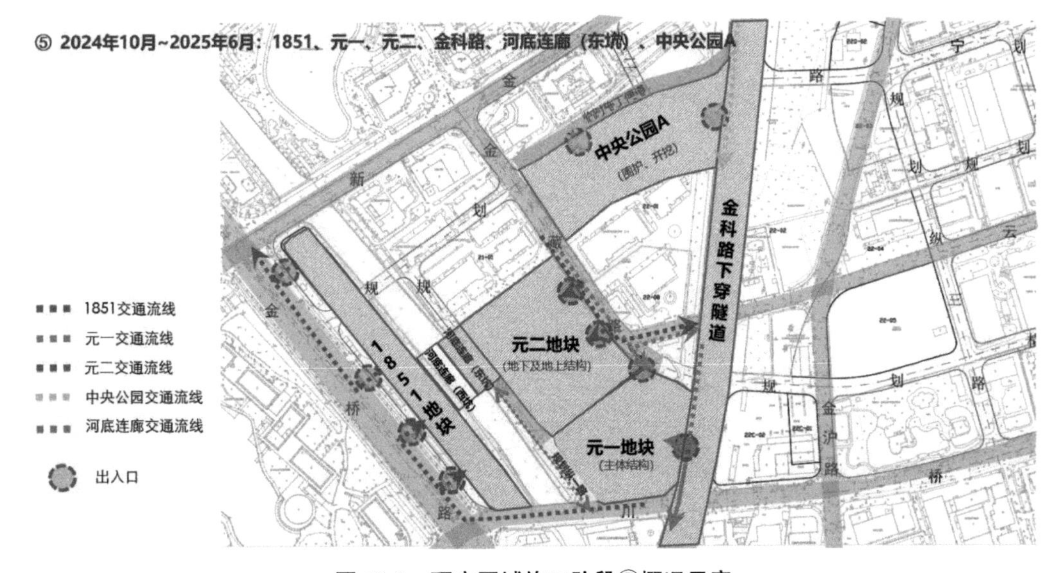

图 10-8　研究区域施工阶段⑤概况示意

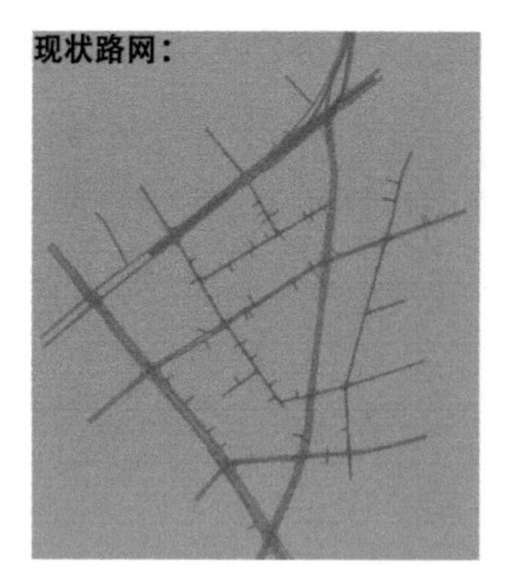

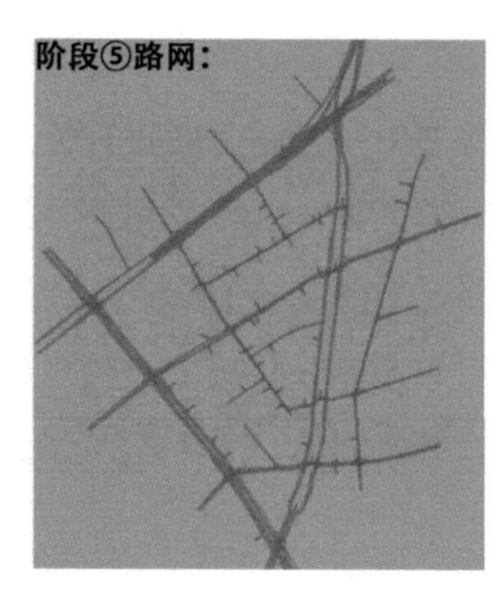

图 10-9　阶段⑤区域路网变动模型搭建

5. 施工车辆输入

因施工车辆在不同阶段的差异性和施工车辆组成的特殊性，施工交通量应当单独设置。施工车辆的输入方式与背景交通量的输入方式基本一致；施工车辆数据采用策划数据（表 10-5）。施工阶段⑤限行时段施工车辆 93 辆 /h，非限行时段 637 辆 /h。

施工阶段⑤施工车辆策划数据　　表 10-5

开工项目	车辆类型	限行时段（辆 /h）	非限行时段（辆 /h）	往返目的地	施工阶段
1851	土方车	0	0	浦东高桥	封顶后施工
	混凝土车	0	15	各方向统筹	
	货车	2	1	各方向统筹	
元一	土方车	0	0	浦东高桥	封顶后施工
	混凝土车	0	5	各方向统筹	
	货车	5	1	各方向统筹	
元二	混凝土车	0	35	各方向统筹	地下结构施工、裙房结构施工
	货车	0	10	各方向统筹	
	轿车	20	30	—	
金科路下穿	混凝土车	10	5	王港	地下结构施工、地上结构及道路工程施工
	货车	5	5	各方向统筹	
	轿车	5	5	—	
河底连廊	土方车	0	15	浦东高桥	桩基施工、围护施工、地下结构施工
	混凝土车	0	60	浦东	
	货车	15	5	各方向统筹	
	轿车	10	10	—	

续表

开工项目	车辆类型	限行时段（辆/h）	非限行时段（辆/h）	往返目的地	施工阶段
中央公园	土方车	0	300	浦东高桥	围护施工
	混凝土车	0	120	浦东	
	货车	9	3	各方向统筹	
	轿车	12	12	—	

结合阶段⑤开设项目情况设置相应施工进出口与施工车辆行驶路线，以体现阶段⑤施工车辆运行逻辑。在施工车辆输入后，为施工车辆设置静态路径决策点，进而控制施工车辆在路网上的运行路线，使之符合本施工阶段的施工车辆交通组织方案设计。

6. 细节设置

在路网模型搭建完后，还需根据道路交叉口信号灯设置情况、各地块进出口位置、车辆行驶逻辑等方面对各类型车辆运行轨迹细节进行设置（图 10-10）。

冲突区域设置：1. 交叉口信号灯相位通过车辆对交叉口产生冲突；2. 无信号交叉口处车辆行驶冲突；3. 各地块出入口进出车辆交织冲突，并与道路上车辆产生一定冲突。本次优先级顺序为：直行>左转>右转；主路通过优先。

减速区域设置：1. 交叉口左右转车流；2. 地块进出口进出车辆；3. 道路线型不平滑车道。减速区域分别控制不同类型车辆进行适应不同情况的减速要求。

进出口闸道设置：按照最不利情况进行设置，在进出口闸道处使车辆遵循“减速-停车-加速”流程进行控制。进出口闸道设置和冲突区域共同作用。

大型车辆右转必停：在仿真时需要对相应车辆类型（公交车、大客车、大型施工车辆等）的右转必停行为进行模拟，进而体现其在右转过程中的行为和影响。

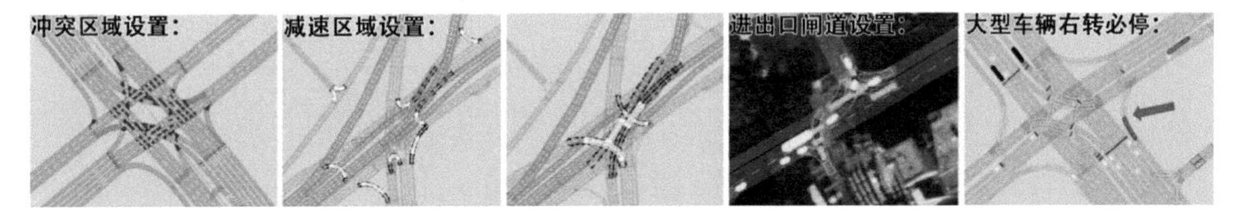

图 10-10　细节设置示意图

10.3.5 仿真运行

在 VISSIM 中完成路网搭建、交通输入和相关细节设置后，即可运行交通仿真模型。仿真运行之前，需要设置相关参数以控制仿真的效果，确保仿真的准确性和可靠性。

其中重要参数为仿真的运行时长。在本项目中使用的仿真运行时长为 4200s，即

1h10min。该数值主要考虑仿真建模路网的规模较大，车辆输入至完整运行并驶出路网大约需 10min，确保初期输入的车辆在路网中完成运行后进行相应取值分析。在评价时为了研究 60min 内车辆运行的变化情况，选择了除去预热时间的仿真运行时长部分，评价的时间范围设置为 600 ~ 4200s。基于该设置方式，评价时能够获取更可靠的仿真结果。

其他参数主要包括运行次数和仿真精度等；在本项目中使用的值为 5。通过多次运行仿真过程，并为每次仿真过程设置不同的随机种子，多次评价结果剔除异常值后取算术平均值作为最终评价结果，能显著降低单次仿真运行过程中随机因素的影响。仿真精度表示车辆在一个仿真秒内的更新频率，在本项目中使用经验值 10，该取值足以避免较低的仿真精度可能导致的车辆行为突变对仿真结果准确性的影响。

10.3.6 仿真结果

1. 仿真结果说明

为了凸显片区开发过程中施工车辆进出对区域交通运行的影响，尽可能完整地找到由此可能带来的问题，仿真对于施工车辆流量均按照可能的最不利情况考虑，即非限行时段或限行时段的所有施工车辆均集中在 1h 之内到达或离开仿真研究区域。

2. 阶段⑤路网交通流密度仿真评价结果

阶段⑤路网交通流密度分时段仿真与现状对比结果表明（图 10-11）：

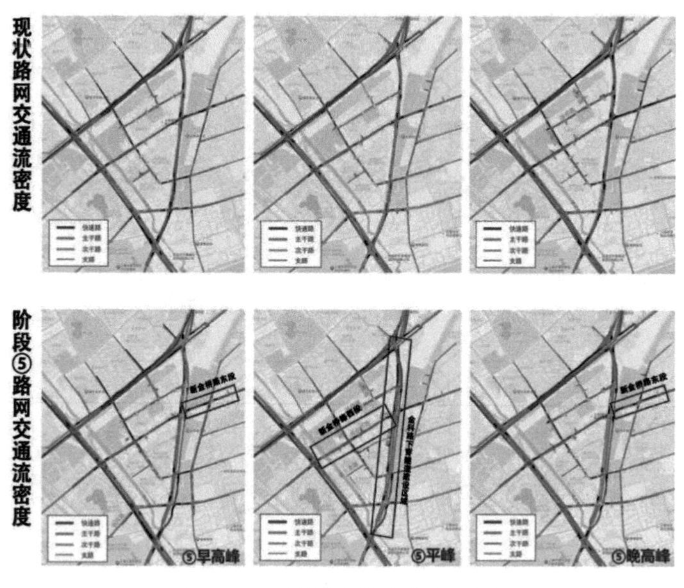

图 10-11　路网交通密度变化图

（1）早晚高峰时段：因早晚高峰时段施工车辆少，仅有社会通勤车辆；施工道路翻交对社会车辆通行影响较小，但因金科路下穿项目保通道路设置，交叉口东西向通过距离增加；使新金桥路与金科路交叉口段东西向车流通过长度与时间增加，导致交通流密度有所增加。

（2）平峰时段：由于中央公园项目处于围护施工阶段，非限行时段内有大量土方车与混凝土车出入项目场地需通过金科路，导致中央公园项目施工车辆与金科路交叉口处的其他项目施工车辆、社会车辆存在一定冲突和通过性延误问题。使平峰时段金科路整体交通流密度增加，交叉口处更为明显。

3. 阶段⑤交叉口服务水平仿真评价结果

阶段⑤区域各交叉口服务水平分时段仿真与现状对比结果表明（图 10-12）：

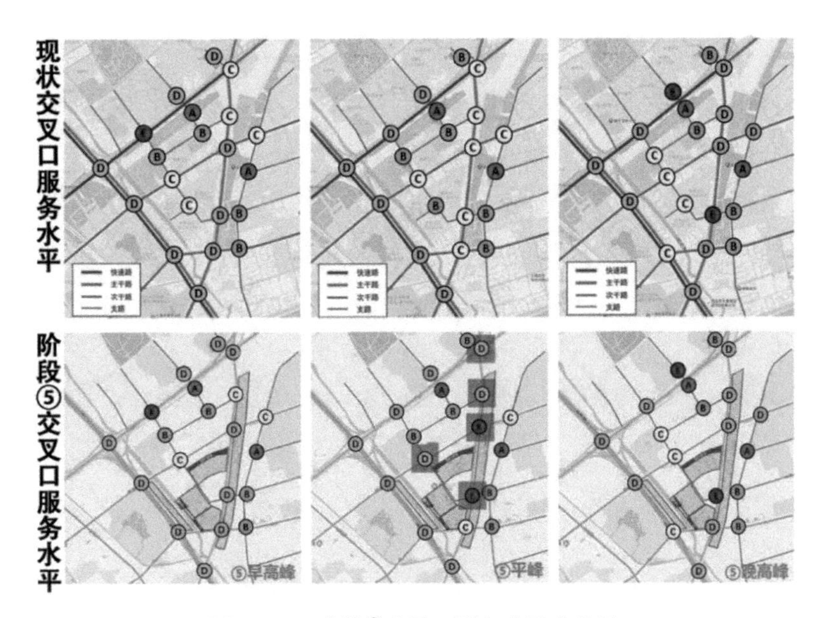

图 10-12　阶段⑤交叉口服务水平变化图

（1）该阶段早高峰时段：各交叉口服务水平与现状无明显差别，因早晚高峰时段施工车辆数量较少，区域路网车辆以社会通勤交通为主。

（2）平峰时段：金科路下穿项目施工范围内涉及四处交叉口的服务水平较现状显著降低。主要原因为中央公园项目围护施工阶段，非限行时段有大量土方车与混凝土车往返。且因保通道路设置，导致金科路与东西向道路交叉口处东西向通过距离大大增加，在交通信号灯相位时间不变的情况下，四处交叉口处左转车流与东西向车流通过时间均增加；影响交叉口全向通过时间，导致金科路南北向四处交叉口服务水平降低。

中央公园项目北侧施工便道处因施工车辆多，导致中央公园项目西北处交叉口服务水平有所下降。

10.4 交通改善建议

基于施工阶段⑤分析，本阶段主要问题为：（1）因项目四保通道路开设使用，导致涉及道路交叉口东西向车辆通过时间增加。（2）因阶段⑤开工项目多、施工车辆多且往返区域需频繁经过主干路1，施工车辆将影响平峰时区域交通。（3）因东西向道路与保通道路翻交导致转弯半径减小、道路接顺不畅。

通过VISSIM对施工阶段⑤交通仿真模拟及数据分析可预警本阶段产生的问题将对区域交通造成影响，需提前提出相应解决措施进行规避。本阶段产生的问题主要由施工车辆增加、建设项目增加、保通道路使用等综合因素造成。为保证区域交通通过性和建设项目建设连续性和进度保障，施工车辆数量、保通道路设置等相关因素无法修改替代；在此基础上提出以下方面改善建议。

1. 交通信号控制

建议增加四处翻交交叉口东西向放行信号阶段向南北向放行信号阶段切换时的全红时间长度，尽量避免灯头灯尾车辆冲突（图10-13）。具体操作细节如下。

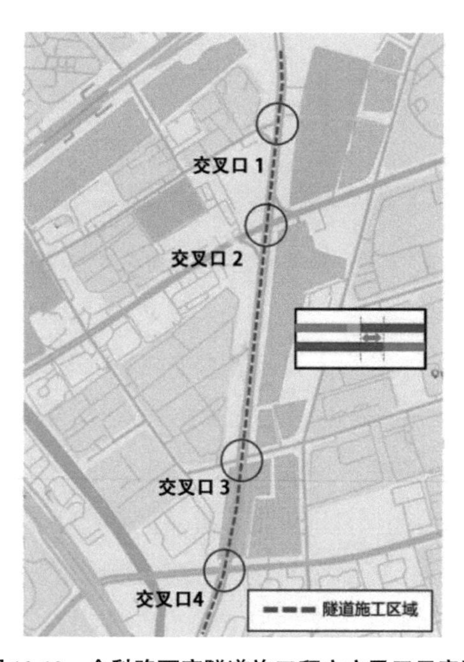

图10-13　金科路下穿隧道施工翻交交叉口示意图

（1）交叉口 1：三阶段信号控制，①南北进口道直行，②南进口道左转，③西进口道左转。建议阶段③至阶段①全红时间长度由翻交前的 2s 延长至 5s。

（2）交叉口 2：四阶段信号控制，①南北进口道直行，②南北进口道左转，③东西进口道直行，④东西进口道左转。建议阶段④至阶段①全红时间长度由翻交前的 2s 延长至 5s。

（3）交叉口 3：三阶段信号控制，①南北进口道直行，②南北进口道左转，③东西进口道直行加左转。建议阶段③至阶段①全红时间长度由翻交前的 2s 延长至 5s。

（4）交叉口 4：三阶段信号控制，①南北进口道直行，②南北进口道左转，③东西进口道直行加左转。建议阶段③至阶段①全红时间长度由翻交前的 2s 延长至 5s。

2. 交叉口导向线设置

项目四隧道施工期间，翻交交叉口流线不顺，且交叉口尺度较大；还因施工围挡导致视觉条件不良，可能侵入对向车道或产生其他冲突。建议在交叉口内设置导向线对车辆在交叉口内的行驶路线进行诱导。

以交叉口 2 翻交路口为例，对该路口翻交交叉口进行标线优化（图 10-14）。

图 10-14　翻交路口标线优化示意

标线调整说明：

（1）东、西进口道左转待行区左侧虚线由白虚线调整为黄虚线，从而兼具道路中心线导向线功能，引导东、西进口道直行车辆及南、北进口道左转车辆避免误驶入对向车道。

（2）增加东、西进口道左转导向线，避免因施工围挡设置遮挡出口道导致的左转流线不明确问题。

（3）增加东、西进口道直行导向线，引导东、西进口道直行车辆避免误驶入对向车道。

3. 施工车辆引导

金桥路与金科路东北进口道右转之后仅能驶入金桥路桥墩右侧车道，车道宽度较窄，转弯半径难以满足半挂货车右转需求；东南进口道，右转专用道受匝道桥墩分隔，车道宽度较窄，易造成拥堵且右侧非机动车道窄且无物理分隔存在安全隐患。

此交叉口，需在施工交通组织策划中禁止通行，施工过程中可通过交通信号牌进行指引（图 10-15），避免大型施工车辆进行右转。

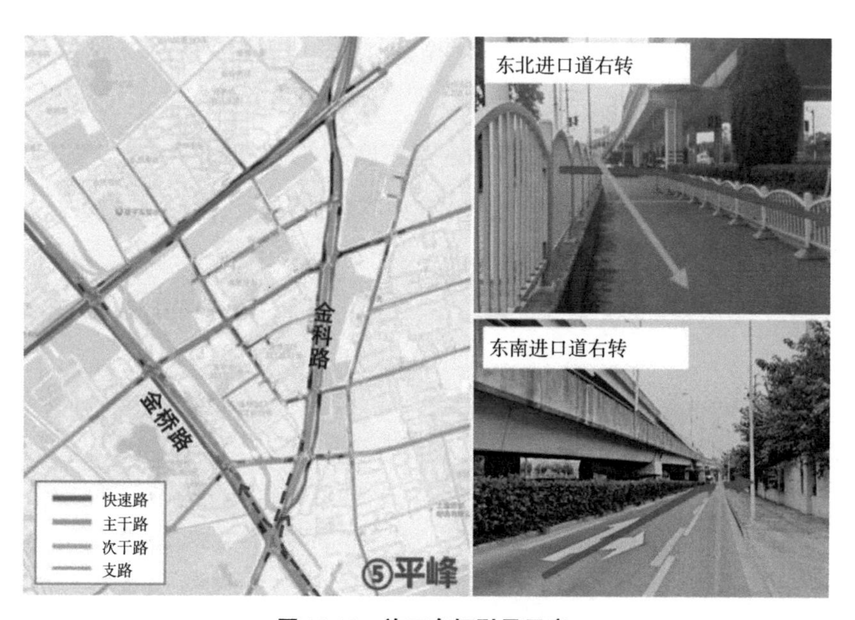

图 10-15　施工车辆引导示意

10.5 管理工作总结

交通仿真模拟研究，旨在解决长周期片区开发过程中交通问题的不可预见性，提前评估和优化施工方案，以减小施工对区域交通的影响，帮助工程管理人员预测和应对可能的交通问题。通过这一过程，可以制定更有效的交通组织方案，优化施工进度，确保施工期间交通顺畅，提高开发单位社会公信力。

实际应用过程中，对片区开发多阶段进行精细化建模，囊括片区开发区域路网初期形态—持续变化多形态—稳定形态。全面展现金环首期开发区开发过程中的交通流量变化、冲突点识别、拥堵点预测。建设周期内分解 10 个开发阶段，构建 10 个阶段模型，发现 6 个地块交通影响问题，提出 11 项改善措施和建议。交通仿真模拟在片区项目中的应用，显著提升了施工车辆管理效率和施工组织的科学性，减少了片区施工对区域交通的负面影响。

“施工交通仿真模拟研究”专题研究展现施工总控项目管理一体化服务；结合建设时序策划、施工界面组织与信息管理，统筹平衡、整体推进、合理搭接、避免停滞。展现施工总控工作的全面性与对项目开发建设问题的预见性。金桥施工总控在技术与专题咨询工作中共进行30份进度优化报告、34份咨询专报以及百余份其余类型信息文件。这一模式得到建设单位高度认可，并以表扬信的形式给予肯定。金桥施工总控团队将持续秉持“提供优质服务与多方位技术支持”致力于推进片区高水平建设和高品质发展，为区域开发建设保驾护航。

11　金谷首开区安全管理案例

11.1　项目简介

金谷智能终端制造基地建设项目首开组团总用地面积约 0.24km^2，总建筑面积约 100 万 m^2。项目首开组团三面临水，多层级渗透，构筑多层级花园式研发产业园，拟打造集生产厂房、研发办公、宿舍、生活配套等业态于一体的全新复合型产业园区。打造摩天工厂，开创上海工业上楼新标杆。近些年，金谷智能终端制造基地通过明确区域统一开发、建设、管理的架构，采取以面定点、以点带面的运营策略，结合工业上楼等突破性的产业模式，利用第四代智能厂房打造智能产业聚合中心，塑造自循环产业生态，开创智造园区示范标杆。金谷智能终端制造基地正在实现从传统工业“锈带”到产业社区“绣带”的有机更新。2022 年 6 月，园区正式获批为上海市级特色产业园，并先后荣获“上海市知识产权示范园区”“国家级生态工业示范园区”“国家低碳工业示范园区”等称号（图 11-1）。

图 11-1　金谷智能终端制造基地首开组团效果图

金谷智能终端制造基地建设项目首开组团从地块上划分共分为 WK14-4 一期地块、二期地块、WK14-12 地块、WK11-1 地块、WK12-2 地块、利川路、建业路、新西河地下连通道、地上人行桥等（图 11-2）。

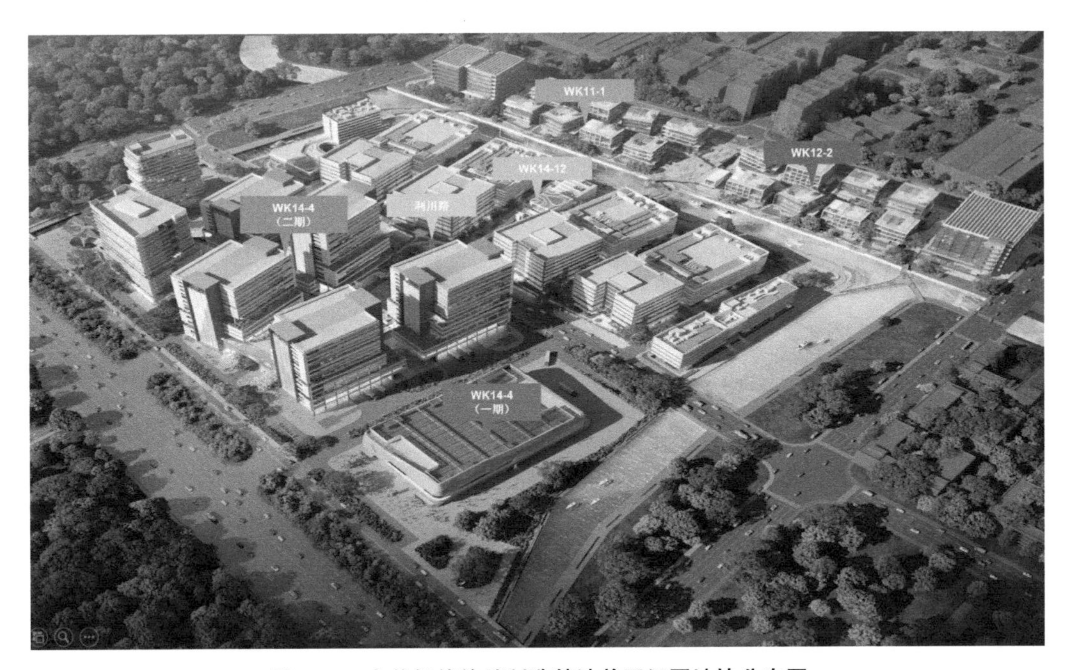

图 11-2　金谷智能终端制造基地首开组团地块分布图

11.2　服务内容

金谷项目施工总控采用“八项总控服务 + 一个项管服务”的管控模式，从计划管理、界面管理、信息管理、技术管理、HSE 管理、竣工移交管理、第三方巡查以及科研管理出发，并根据业主单位的需求，延伸部分具体的项目管理服务。

金谷首开区内汇集了多个重点建设项目，这些项目的复杂性和规模使其成为一个建设工程的集中展示区。其中，深基坑施工是首开区的一个重要组成部分，这些基坑的普遍深度超过 12m，总面积更是达到 21 万 m^2。与此同时，钢结构吊装工程也在此区域内进行，总用钢量高达 7.4 万 t，这不仅展示了工程的巨大规模，也对施工技术提出了极高的要求。

此外，首开区内还涉及群塔施工，塔式起重机数量在 20 ~ 30 台。这意味着在同一施工区域内同时运行的大量塔式起重机需要高度协调，以确保施工的安全和效率。群机施工也是该区域的特色之一，各种大型机械设备的同步运作进一步增加了施工的复杂性和风险。

鉴于这些高风险工程的特点，首开区内各个项目对监理安全人员的配置以及他们的工作经验有着非常高的要求。监理人员不仅需要具备扎实的专业知识，还需要有丰富的实践经验，以应对施工过程中可能出现的各种问题，确保整个建设过程的安全、顺利进行。

因此为确保公司所开展的工程监理服务在受控状态下进行，并使监理工作质量符合相关法规、规范标准及监理委托合同的要求，公司基于三级运行管理体系的要求，实行公司级综合检查、业务部门级专项检查、项目部级专业自查的模式。作者单位在片区式开发项目工程服务中提出了施工总控 + 工程监理的服务模式，采取片区安全直管以及危大工程双周巡查的方法，加强片区项目现场的安全管控。

这种方法一方面形成了以片区安全直管为核心的、高效快捷的项目管理机制，确保了各项工作能够迅速反应和处理。另一方面，通过延伸项目管理的触角，实现了片区控监一体化，使得监理工作更加全面和细致，有效提高了整体管理水平和安全保障。

11.3 片区安全直管模式

11.3.1 目的

为了便于片区内部沟通与管理，规范安全监理工作程序，明确安全监理责任与义务，提升安全监理管理能力，做好项目风险管控工作，因而在金谷首开区内推行安全直管模式。

金谷首开区项目总包单位相同，且各项目业态相近，统一管理尺度将有利于片区项目安全管理，定期经验交流与分享，推广好的做法，减轻项目安全管理难度。同时，片区内项目安全监理偏年轻，通过片区安全直管负责人点对点的项目技术支撑，既保证了项目风险的受控，也有利于年轻人的成长，发挥安全直管模式的优势，提质增效。

11.3.2 组织架构

针对金谷首开区，目前涉及四个地块项目（WK14-12、WK11-1/12-2、WK14-4 一期、WK14-4 二期），选择经验丰富、技术能力过硬的专家担任安全直管团队的负责人，各项目安全监理工程师为组员。

图 11-3 为片区项目安全管理的组织架构。

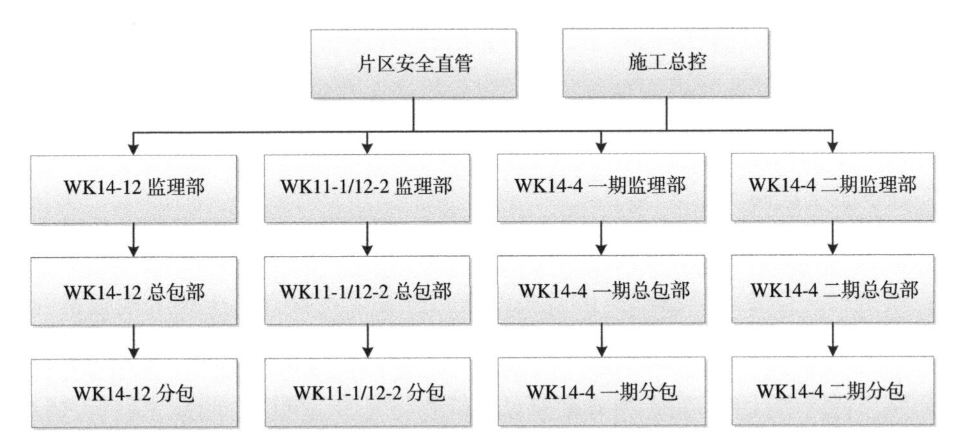

图 11-3　片区项目安全管理的组织架构

对片区项目安全监理的调配和管理，依托公司岗位管理办法及平台风险评估系统，实行片区项目风险等级与安全监理岗位相匹配制度，尽可能保证片区安全监理具备对相应项目风险管理的能力。

11.3.3　团队职责

安全直管团队职责如下：

（1）片区安全直管负责人每周至少对在建项目进行一次全面检查，项目重要节点技术支撑全覆盖，跟踪、处理重大安全事故隐患；

（2）组织片区危大工程双周巡查、专业性检查、定期性的检查；

（3）组织召开片区安全专题会，通报项目检查情况，明确项目安全管理要求，同时对下阶段施工风险进行预警；

（4）对片区项目重大危险源进行重点控制以及施工过程中的纠偏工作；

（5）监督安全作业环境的安全保障措施的完善；

（6）指导服务片区安全监理的工作；

（7）对危大工程的技术安全提供技术支撑并进行全过程的安全管控；

（8）对片区项目工程不同阶段的重大风险源做好前期的预警提示。

11.3.4　工作内容

1. 风险识别预警

定期组织对片区各项目进行风险识别，特别是施工过程中的重大危险源，如高空作业、深基坑工程和起重吊装等，制定详细的风险识别报告，建立完整的风险清单并定期更新。通过建立完善的风险预警机制，结合项目进展和风险点，提前分析和预测潜在的安全问题，并及时告知参建各方，不仅提高了建筑施工的安全保障能力，还有效地控制和减少了安全事故的发生，确保了建筑工程的施工质量。

2. 超危工程把关

片区内所有项目涉及超危工程的，专项方案评审前由安全直管团队协助监理项目部进行审查，并且要求项目部提供有关图纸。方案重点审查安全技术措施是否满足现场实际情况，安全计算书、验算依据和施工图是否符合有关标准规范，并给出书面审查意见，督促项目部落实专项方案意见的修改与完善。同时，超危工程首次验收前24h告知安全直管团队，团队负责人参与首次验收，验收存在重大事项的组织项目部召开专题会。

3. 安全培训

根据项目施工阶段及检查情况，每季度开展一次片区安全培训会。培训对象主要是项目总监理工程师及安全监理人员，培训内容主要以专项危大为主，如附着式升降脚手架、高支模、钢结构安装等。培训以图文结合现场的形式，提醒监理部日常管控的重点，并通过事故案例讲解使得项目部重视有关问题。同时，会上也会展示近阶段各项目的特色亮点，相互学习与借鉴。

4. 问题处理

安全直管团队在建设单位的充分授权下，有对在建项目的处罚权及暂停权。日常检查中发现重大问题的，直管团队负责人将对项目部签发红黄牌，责令限期整改。同时，项目监理部在日常工作中遇到难题，无论管理还是技术问题，安全直管团队将帮助项目部进行处理。对于严重隐患，施工单位拒不整改的，直管团队负责人将起草书面报告或处罚单，责令施工单位局部暂停施工，并告知建设单位。

5. 安全管理评估

安全直管团队每双周对所有在建项目进行一次危大工程巡查，重点发现施工过程中存在的重大安全隐患，并提出整改措施，确保施工安全；每月对片区所有在建项目进行一次综合性安全检查，检查内容包括施工现场安全管理、安全设施配备、安全操作规范和人员防护措施等。检查结束后，形成详细的安全评估报告，报告内容包括发现的安全隐患、隐患照片及位置描述、整改建议和整改期限。针对评估报告中提出的安全隐患，实施整改跟踪，指定责任人和整改期限，整改完成后须进行复查，确保所有隐患在规定期限内得到整改，并对整改效果进行评估。

11.4　危大工程双周巡查

为确保片区施工安全、保障工程质量以及提高施工管理水平，片区安全直管团队每双周对现场进行一次全覆盖的危大工程巡查，通过危大工程双周巡查可以发现施工安全管理中的不足，推动项目顺利进行。

11.4.1　巡查内容

双周巡查主要对危大工程进行检查，包括深基坑工程、模板工程及支撑体系、起重吊装及安装拆卸工程、脚手架工程、拆除及爆破工程、有限空间作业和其他等，并针对各项危大工程制作了专用检查表，以模板支架为例（表 11-1）。

模板支架隐患排查表　　**表** 11-1

编号：

工程名称：　　施工阶段：　　检查日期：

序号	检查项目		检查标准	检查情况	扣分值
1	保证项目（80分）	施工设施（9分）	未按编制专项施工方案或结构设计未经计算		
			专项施工方案未经审核、审批		
			超规模模板支架专项施工方案未按规定组织专家论证		
2		支架基础（20分）	基础不坚实平整、承载力不符合专项施工方案要求		
			支架底部未设置垫板或垫板的规格不符合规范要求		
			支架底部未按规范要求设置底座，未设置排水设施		
			未按规范要求设置扫地杆		
			支架设在楼面结构上时，未对楼面结构的承载力进行验算或楼面结构下方未采取加固措施		
3		支架构造（20分）	立杆纵、横间距大于设计和规范要求		
			水平杆步距大于设计和规范要求，水平杆未连续设置		
			未按规范要求设置竖向剪刀撑或专用斜杆		
			未按规范要求设置水平剪刀撑或专用水平斜杆		
			剪刀撑或水平斜杆设置不符合规范要求		
4		支架稳定（11分）	支架高宽比超过规范要求未采取与建筑结构刚性连结或增加架体宽度等措施		
			立杆伸出顶层水平杆的长度超过规范要求		
			浇筑混凝土未对支架的基础沉降、架体变形采取监测措施		

续表

序号	检查项目		检查标准	检查情况	扣分值
5	保证项目（80分）	施工荷载交底与验收（20分）	荷载堆放不均匀，施工荷载超过设计规定		
			浇筑混凝土未对混凝土堆积高度进行控制		
6			支架搭设、拆除前未进行交底或无文字记录		
			架体搭设完毕未办理验收手续		
			验收内容未进行量化，或未经责任人签字确认		
7	一般项目（20分）	杆件连接（4分）	立杆连接未采用对接、套接或承插式接长，水平杆连接不符合规范要求，剪刀撑斜杆接长不符合规范要求，杆件各连接点的紧固不符合规范要求		
8		底座与托撑（4分）	螺杆旋入螺母内的长度或外伸长度不符合规范要求，螺杆直径与立杆内径不匹配		
9		构配件材质（4分）	钢管、构配件的规格、型号、材质不符合规范要求，（杆件弯曲、变形、锈蚀严重）		
10		支架（4分）	支架拆除前未确认混凝土强度达到设计要求		
		拆除（4分）	未按规定设置警戒区或未设置专人监护		
检查结论：			专家签名：　　　　　日期：		

11.4.2 工作流程

（1）制订巡查计划

施工总控安全直管团队结合片区所有在建项目的施工阶段以及当月实际危大工程实施情况，制订巡查计划，明确巡查时间及重点巡查内容（表11-2），经报建设单位批准后开展。

巡查计划 **表11-2**

序号	项目名称	涉及危大工程类别	检查日期
1	×× 地块	幕墙工程 脚手架工程 电梯安拆工程 起重吊装工程	× 年 × 月 × 日 上 / 下午
2	×× 地块	起重吊装工程 基坑工程	× 年 × 月 × 日 上 / 下午
3	×× 地块	高支模工程 起重吊装工程 深基坑工程	× 年 × 月 × 日 上 / 下午

续表

序号	项目名称	涉及危大工程类别	检查日期
4	×× 地块	脚手架工程 模板支撑工程 起重吊装工程 钢结构安装工程	×年×月×日 上/下午

注：清单将根据项目建设开展情况进行更新补充。

（2）开展现场巡查

安全直管团队主要从资料及现场安全两个方面进行危大工程巡查，由总包单位技术负责人和安全负责人陪同，现场反馈检查问题，并结合实际工况和专家经验提出针对性的可落地的整改建议。

（3）问题整改闭环

针对双周巡查问题清单，安全直管团队要求施工单位在固定时间内给予整改回复，并持续追踪落实情况，实行问题整改闭环管理。

11.4.3　巡查结果具体落实

团队采用了三种主要反馈形式系统地记录和传达检查过程中发现的安全隐患，并提出具体整改措施。首先，通过整改通知单详细记录巡查发现的问题，明确整改要求、期限和责任单位，确保每个问题都能及时处理和反馈。其次，每周召开安全专题会，针对巡检问题讨论和评估近期检查中发现的安全风险，分析原因，制定改进措施，宣贯落实到具体责任人，促进各参建单位对安全管理的深入理解和落实。最后，每月召开安全例会，系统汇总和分析各项目的巡查报告，重点关注安全问题的整改情况和趋势。通过总结和评估，制订预防措施和持续改进计划，提高整体安全管理水平。以上三种反馈形式在安全风险管控方面均达到很好的实际应用效果，预防和消除各类安全隐患，保障施工人员的生命安全和工程的顺利进行。

1. 通知单

危大工程双周巡查检查出的问题，将会整理并以整改通知单的形式展现。通知单的内容主要包括检查时间和地点、检查内容、问题描述、违反条文、整改要求、整改期限、责任人以及反馈要求。通过这一机制，能够系统地记录和传达检查过程中发现的各类安全隐患，提出具体的整改措施，并督促相关单位在规定时间内（通常在一周内）完成整改并给出回复。通知单的流程包括发现问题、发出通知单、整改和反馈、复查和确认。此过程确保每个问题都有明确的负责人跟进落实，从而最终保障施工人员的安全和工程的顺利进行。

施工单位在收到整改通知单后，必须在约定的时间内及时完成所有整改工作。完成整改后，施工单位需从相同的位置和角度拍摄照片，并将这些照片作为整改完成的证明发给现场监理方。现场监理方在收到照片后，将对整改情况进行复核，确保整改工作符合要求。复核通过后，监理方会将相关整改情况报送给施工总控方备案，以便进行进一步的管理和记录。

2. 安全专题会

片区施工总控和安全直管团队每周会通过召开安全专题会的形式，进一步强化安全管理。在安全专题会上，片区各个项目的施工总控负责人、安全监理人员、总包单位安全负责人将汇总并讨论近期检查中发现的安全问题，分析原因，制定改进措施，并对整改情况进行评估和反馈。安全专题会旨在提高全员的安全意识，强化安全责任落实，确保各项安全措施的有效实施。通过定期召开安全专题会，可以建立起有效的沟通机制，及时解决施工过程中存在的安全隐患，推动安全管理水平的不断提升。安全专题会流程一般分为三个阶段。

（1）项目安全隐患整改情况

各个项目总包单位在汇报上周危大工程双周巡查或监理通知单中出现问题的整改情况时，需要确保全面和详尽的报告。对于未能及时完成整改的问题，必须向施工总控负责人和安全监理人员提供清晰的解释和分析。这包括详细说明原因，并且明确提出下一步的整改措施及其执行期限。

在面对多次未能按时整改的安全问题时，施工总控和监理单位会根据具体情况综合考虑是否采取进一步的处罚措施。这可能包括但不限于罚款、暂停工程活动、调整工作流程或加强培训等措施，以确保工程的安全性和高质量完成。通过严格的管理和执行措施，确保施工现场始终处于安全状态，符合法规要求，是关键的管理目标。

（2）安全事故案例展示

安全直管团队针对危大工程双周巡查中频繁出现的安全问题，在专题会议上通过展示类似问题带来严重后果的案例，从思想意识上让责任单位知道隐患的严重性、整改的迫切性，同时结合现场对案例进行深入剖析。安全事故的发生大多由管理人员工作责任心不强、工人自我保护意识不足、安全意识淡漠、工作程序不完善、未严格执行规章制度以及未能及时发现设备隐患等因素引起。这些因素不仅导致了本应避免的事故发生，也反映了防范措施未能有效实施的问题。

通过对事故案例的深入学习与分析，各参建单位深刻领悟到了提高安全意识的紧迫性和重要性。会议讨论还强调了必须加强培训和教育，提升工作人员的安全责任感和意识，同时完善工作流程和执行规程，确保每位工作人员都能全面理解和遵守安全规定。这些举措旨在确保未来施工过程中的安全性和顺利进行，为工程的顺利推进奠定坚实的基础。

（3）安全重点管控事项提示

安全直管团队针对当前片区施工流程和工艺容易出现安全隐患的问题，提出了一系列管控事项提示。这些提示要求现场单位严格按照规定的管控事项进行安全施工准备，以预防和消除安全隐患的产生。首先，针对施工流程中可能存在的风险点和操作环节，要求施工单位确保工作人员具备充分的安全培训和技能，特别是对于高风险作业的操作人员须持证上岗并定期接受安全技能培训。

其次，对工艺流程中的关键环节和设备操作，要求施工单位落实好操作规程和标准作业程序，确保操作符合安全要求，减少意外事故的发生可能性。此外，对现场环境和设施进行全面检查和评估，及时修复和替换老化设备，确保设施设备的完好性和安全性。最后，要求实施严格的安全巡查和监测措施，定期对施工现场进行安全检查和隐患排查，及时发现并消除潜在的安全隐患，确保施工过程的安全可控性和稳定性。

3. 月度安全例会

在月度总结中，施工总控及安全直管团队会系统地汇总和分析本月各项目的巡查报告，重点关注每个项目的安全问题数量和性质。会上将比较本月和上月的巡查数据，以便全面评估各项目的安全施工状况和改进进展。

此外，还会对每个安全问题的处理情况进行跟踪和评估，以确保整改措施的有效性和持续性。通过总结和分析，施工总控及安全直管团队不仅能够识别当前片区安全管理的主要挑战和重点，还能制定未来的预防措施和持续改进计划，以提升整体安全管理水平，确保施工现场的安全可控性和稳定性。

月度安全例会从以下四个方面展开：

（1）安全问题汇总

汇总本月危大工程双周巡查和第三方巡查安全问题数量，并制成图表。如表 11-3 所示。

双周和月度检查安全问题数量　　表 11-3

检查项目	检查重点	双周	月度
A 项目	高处作业、临时用电、消防安全	20	17
B 项目	幕墙安装、施工电梯、脚手架、临边洞口、风管安装	12	10
C 项目	基坑工程、高处作业、临边洞口	9	10
D 项目	基坑工程、高处作业、临边洞口、临时用电	6	7

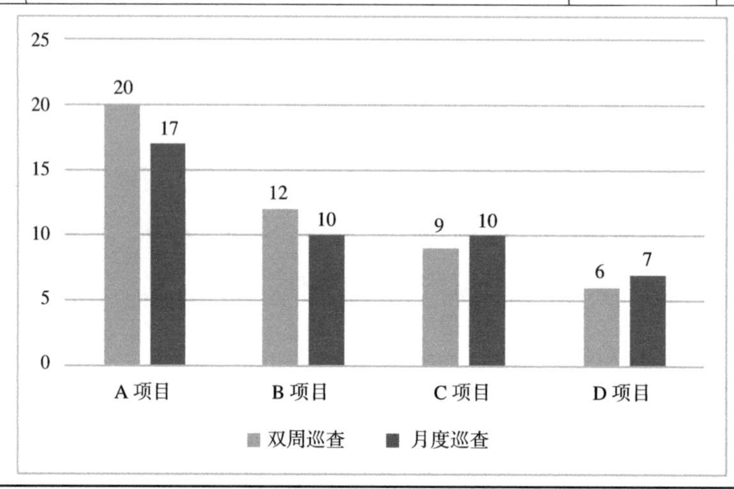

对比危大工程双周巡查（通常安排在月中旬）和第三方巡查（通常安排在月底）中发现的安全问题数量，能够深入分析各项目在安全管理方面的表现和趋势。通过对比和分析每个项目安全问题数量的变化，可以全面评估本月安全检查的整改效果。

特别是针对那些在月底报告的安全问题有所增加的项目，施工总控及安全直管团队将在会议上进行详细的原因分析，并制订具体的整改计划和措施。这些措施不仅旨在及时解决当前的安全隐患，还能帮助预防类似问题的再次发生，确保施工现场的安全可控性和稳定性得到进一步提升。

（2）安全问题频次分析

根据安全隐患的不同级别（重大、较大、一般隐患）和种类（如高处作业、临边洞口等），将当月危大工程双周巡查和第三方巡查的安全问题进行统计，并制作成如表 11-4、表 11-5 所示。

片区各项目安全隐患统计　　表 11-4

类别	A 项目	B 项目	C 项目	D 项目	总计
重大隐患	1	2	0	0	3
较大隐患	6	0	0	0	6

续表

类别	A 项目	B 项目	C 项目	D 项目	总计
一般隐患	10	10	9	7	36

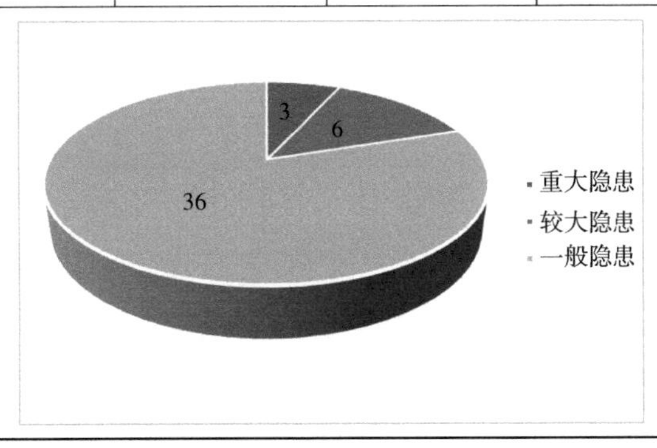

不同类型安全隐患频次统计 **表 11-5**

分类	A 项目	B 项目	C 项目	D 项目	总计
高处作业	2	2	5	0	9
文明施工	1	3	0	3	7
消防安全	5	0	0	1	6
洞口、临边防护	2	1	1	1	5
吊篮	0	4	0	0	4
施工机具	0	2	1	0	3
基坑工程	0	0	2	1	3
操作脚手架	0	2	0	0	2
起重吊装	0	2	0	0	2
施工用电	0	0	0	1	1

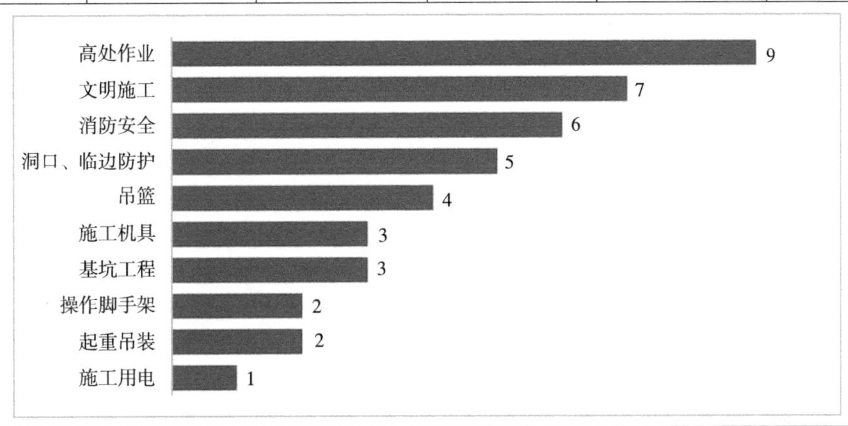

通过安全隐患级别图，能够准确识别片区中的重大和较大安全隐患，并计划在下个月针对这些隐患源展开专项检查，以有效减少其数量。这种做法不仅能够提高对安

全隐患的关注度，还能促使现场参建单位在未来的施工中采取预防措施，杜绝类似安全问题的再次发生。

分析安全隐患频次图，可以直观地识别出当月施工现场最常见的安全问题。通过此图，可以有效提升施工人员对常见安全隐患的防范意识。特别是针对那些频繁出现的安全隐患，现场参建单位应加强关注，并根据需要进行专项整治和制定针对性的培训与改进措施。片区安全直管团队可以协调现场单位执行这些措施，确保施工现场的安全管理达到最佳状态。

（3）安全隐患展示

展示当月的重大、较大和一般安全隐患，选择其中的一部分进行详细展示，以确保施工单位能够深刻意识到这些安全隐患的严重性和影响，进而引起他们的高度重视。

（4）项目安全风险预警

片区安全直管团队根据各个项目下个阶段可能会遇到的安全问题和隐患，深入分析并提前预警施工单位。这些预警不仅有助于施工单位理解潜在的安全风险，还促使他们在施工前期就制定完备的施工方案。团队特别强调施工过程中严格遵守安全规范的重要性，以确保每一步施工操作都在最安全的环境和条件下进行，最大程度降低事故风险，保障施工人员的生命安全和工程设施的完整性。

11.4.4 安全考评管理

巡查考评从项目得分和检查问题严重性两个维度进行。

1. 项目得分：施工总控在每月安全巡查中，对施工单位及监理单位进行考核和打分，根据各项目得分情况，建设单位对施工单位及监理单位的处理措施包括限期整改回复、通报批评、高层约谈等。

每月得分 80 分（含 80 分）以上的项目，综合考评为优良，对检查问题限期整改回复；

每月得分 70 ~ 80 分（含 70 分），综合考评为中等，对检查问题限期整改回复，并在金谷首开区内通报批评；

每月得分 60 ~ 70 分（含 60 分），综合考评为差，对检查问题限期整改回复，在金谷首开区内通报批评，并约谈施工单位项目管理公司、监理单位事业部主要领导；

每月得分 60 分以下，综合考评为不及格，对检查问题限期整改回复，在金谷首开区内通报批评，并约谈施工单位及监理单位主要领导。

2. 检查问题严重性：施工总控安全检查过程中，根据现场安全隐患状况，实施红黄牌管理制度（表 11-6）。

黄牌：违规行为或安全隐患易引发安全事故的风险；

红牌：违规行为或安全隐患极易引发安全事故，或者已经严重违反法律法规中基本安全规定。

现场安全问题若触发红黄牌，建设单位将根据总承包合同约定“对承包人及有关人员发生的违章、违法行为和存在的问题以及在安全生产、文明等创优达标活动中不积极配合的，发包人有权制止教育、责成其限期整改，对责任单位每次处罚 500 ~ 5000 元，对未按要求限期整改的或整改不力、情节严重的，对责任单位每次处罚 1 万 ~ 5 万元”。对施工单位及监理单位采取经济处罚措施：视问题的严重性对黄牌罚款 500 ~ 5000 元、红牌罚款 1 万 ~ 5 万元，监理单位承担连带管理责任，按施工单位罚款金额的 2% 计算。

施工现场问题触发两张黄牌，综合考评为中等，对检查问题限期整改回复，并在金谷首开区内通报批评；

施工现场问题触发三张黄牌，综合考评为差，对检查问题限期整改回复，在金谷首开区内通报批评，并约谈施工单位项目管理公司、监理单位事业部主要领导；

施工现场问题触发四张及以上黄牌或 1 张及以上红牌的，综合考评为不及格，对检查问题限期整改回复，在金谷首开区内通报批评，并约谈施工单位及监理单位主要领导。

红黄牌警告事项清单　　**表** 11-6

条目	分类		违规行为或安全隐患	处理措施
1	通用条款		对上次出示红黄牌警告的违规行为或安全隐患问题未处理	红牌
2	危大工程	一般要求	未对危大工程进行验收或未验收通过已进入下道工序；危大工程施工期间巡视检查记录缺失明显	黄牌
3			危大工程已施工，现场未及时辨识或方案未正式审批通过；需设计单位书面确认或安全验算的，无相关书面手续	黄牌
4			危大工程已施工，对应监理实施细则未编制	黄牌
5		基坑工程	地墙钢筋笼加劲箍或加固桁架未设置或与方案严重不符；地墙钢筋笼吊装方式或吊装起重机械不符合方案要求	黄牌
6			支撑与栈桥堆载不符合要求	黄牌
7			基坑内凿桩、挖土等交叉作业未保证足够的安全距离；高空物体（降压井、钢支撑与连系梁等）防护严重不到位或废弃物（支撑底模、立柱外包混凝土、外凸混凝土块等）明显清除不及时	黄牌
8			土方开挖顺序明显与方案不符或明显未按要求分层开挖；基坑开挖面积水严重；疏干井未按方案设置或破坏严重	黄牌

续表

条目	分类		违规行为或安全隐患	处理措施
9	危大工程	基坑工程	支撑、围檩、放坡、锚杆等设置不符合设计要求；有效降压井（减压井）数量不符合方案要求；支撑格构柱垂直度、平面位置等偏差超标，监理未识别无措施	黄牌
10			坑边或深度大于5m边坡堆载未采取措施且监测数据报警	黄牌
11			土方开挖工况与方案严重不符或基坑超挖大于3m（严重超挖）；最后一层土开挖顺序明显与方案不符；坑底长时间暴露且监测报警	红牌
12		模板工程及支撑体系	模板支撑体系设置在软土地基上或楼面结构上无加固处理措施；模板支撑体系立杆在结构洞口部位或结构斜坡面无有效措施	黄牌
13			单次验收区域模板支撑体系承重支撑立杆有缺失；水平杆或扫地杆缺失超过1/4；水平或竖向剪刀撑（竖向斜杆）缺失超过1/4	黄牌
14			单次验收区域模板支撑体系承重支撑立杆明显缺失；水平杆或扫地杆缺失超过1/3；水平或竖向剪刀撑（竖向斜杆）缺失超过1/3	红牌
15			模板支撑体系顶托偏心受力（顶托与立杆未对中设置等）较普遍，部分立杆倾斜较严重；部分封顶杆以上自由端长度或螺杆外露超过方案要求；多处水平杆未连续设置	黄牌
16			模板支撑体系架体高宽比大于2时，明显未按照规定设置连墙件或采用其他加强构造的措施	黄牌
17			超限梁板浇筑顺序与方案明显不符；支架拆除前未确认混凝土强度达到设计要求；模板支撑体系拆除顺序明显与方案不符	黄牌
18		起重机械安装拆卸工程	塔式起重机基础尺寸与说明书不一致，未采取措施的；塔式起重机基础长期积水	黄牌
19			设备未按要求检测、验收，现场已使用；重要安全装置有失效或未安装	黄牌
20			桥门式起重机基础、轨道、限位设置不符合说明书及方案要求	黄牌
21			起重机械自由高度超过产品说明书要求；附墙架间距或最高附着点以上导轨架的自由高度超过说明书要求	红牌
22		脚手架工程	工字钢材质、型号及施工工艺（锚固端长度、悬挑钢梁支撑部位、固定及加固措施等）明显与方案不符	黄牌
23			落地脚手架/卸料平台基础部位地基承载力与方案明显不符；悬挑脚手架底部封闭未设置	黄牌
24			架体与结构距离超过30cm时，水平隔离缺失超过1/2；架体拉结点明显缺少	黄牌
25			脚手架立杆缺失；多处立杆悬空未采取构造加固措施；主节点处纵横向水平杆、扫地杆多处缺失	黄牌
26			模板支架、缆风绳、泵送混凝土和砂浆的输送管等固定在架体上；架体上悬挂起重设备	黄牌
27			架体拆除时，相邻连墙件以上四步无拉结且架体上违规堆放大量材料，多处临空面无防护	黄牌
28			1/2以上的操作平台作业层防护栏杆缺失或未满铺脚手板或高宽比过大的架体未采取抛撑加固	黄牌

续表

条目	分类		违规行为或安全隐患	处理措施
29	危大工程	脚手架工程	直线布置的附着式升降脚手架支撑跨度大于 7m，或折线、曲线布置的架体支撑跨度的架体外侧距离大于 5.4m；架体的水平悬挑长度大于 2m 或大于跨度 1/2 未采取加固措施的	黄牌
30			附着式升降脚手架悬臂高度大于架体高度 2/5 且大于 6m；架体高度大于 5 倍楼层高或架体宽度大于 1.2m	黄牌
31			附着式升降脚手架各操作层盖板防护明显缺失；架体有明显集中堆载现象	黄牌
32			作业人员无防护措施违规翻越至吊篮外作业；多个吊篮内作业人员数量超过 2 人；吊篮作为垂直运输工具运送较重物料	黄牌
33			多个吊篮配重块未固定或重量不符合设计规定或使用破损的配重块或采用其他替代物	黄牌
34			架体明显超载使用；架体严重超出使用功能	红牌
35			架体基础、搭设与方案严重不符；架体连墙件缺失超过 1/2	红牌
36			附着式升降脚手架安装或顶升时附着结构混凝土强度不达标；提升工况未保证两道附墙；使用工况未保证三道附墙；机位缺失超过 1/5	红牌
37		拆除工程	拆除过程中采取的临时支撑措施明显与方案不符；拆除施工工艺与方案不符	黄牌
38		暗挖工程（仅针对盾构、顶管）	始发基座和反力系统不符合方案；洞门凿除无有效防护措施	黄牌
39			隧道内人行通道设置不符合要求（轨行区与人行通道未有效分隔）；隧道内运输轨道未设置防撞设施	黄牌
40			管片拼装作业面通风不满足要求	黄牌
41			洞门探查孔出现涌水涌砂未及时采取有效措施；洞门封堵措施不符合方案要求	黄牌
42		有限空间	无作业许可手续擅自进行有限空间作业的；监护人未到岗履职的；未作气体检测擅自进入有限空间作业的；方案需配置通风、照明等设备和设施实际未配置的	黄牌
43		其他	装配式建筑安装、钢构件吊装的吊索具及吊耳未按方案要求设置；钢构件吊耳未按深化设计要求焊接探伤	黄牌
44			装配式、钢结构、屋架等安装过程中生命保障体系（生命绳、安全平网、防坠器等）未健全或明显缺失	黄牌
45			装配式建筑安装临时支撑、钢结构拼装平台（胎架）和安装临时支撑体系明显不符合方案要求且未检查验收	黄牌
46			装配式建筑混凝土预制构件吊装方式方法严重与方案不符；钢结构安装工艺与方案严重不符	红牌
47	一般施工安全	高处作业	安全平（立）网未按方案要求设置或破损严重；系绳未与网体牢固连接，系结点间距明显过大	黄牌
48			高度 2m 以上的高处作业（包括临边、洞口、攀登、悬空等）防护缺失明显	黄牌
49			高度 2m 以上的高处作业（包括临边、洞口、攀登、悬空等）防护缺失特别严重	红牌

续表

条目	分类		违规行为或安全隐患	处理措施
50	一般施工安全	临时设施	施工现场人员通道的设置、固定措施、安全防护措施严重不到位；水泥仓筒基础虚脱或不符合要求	黄牌
51		大型机械及施工机具	大中型机械及施工机具安全防护措施和保险装置缺失严重	黄牌
52			使用中的设备超过检测有效期未进行中间检测；防坠器超过检验有效期仍在使用；升降机过桥平台脚手架拉结点明显缺失；升降机出入口与结构间隙过大无防护	黄牌
53			大中型施工机具移动或作业场地承载力严重不足	红牌
54		起重吊装	汽车式起重机 / 履带式起重机设备型号不满足吊装要求；起重机行走面、作业面、支腿支设处承载力明显不符合要求	黄牌
55			多个吊索具达到报废标准仍在使用	黄牌
56		临时用电	外电线路与在建工程及脚手架、起重机械、场内机动车道之间的安全距离不符合规范要求且未采取防护措施；过路电缆线普遍未采取保护措施；现场普遍存在电缆线路穿越脚手架或固定在脚手架上，且未采取绝缘保护措施	黄牌
57		消防安全	易燃易爆品存储、使用明显不符合要求	黄牌
58			在明显火灾隐患区域动火作业时，未采取有效隔离措施且消防器材配置严重不足，无监护人	红牌

注：不属于危大工程的模板支撑体系、脚手架工程等若存在明显安全隐患，可参照危大工程中对应的处理措施执行。

11.5 管理工作总结

在金谷首开区项目的安全管理过程中，施工总控实施了一系列全面且系统的安全管理措施，取得了显著成效。首先，建立了安全直管模式，通过公司级综合检查、业务部门级专项检查、项目部级专业自查的三级管理体系，确保各层级的安全管理工作有序开展。其次，提供了全面的安全管理服务内容，包括施工现场出入口管理、现场环境与文明施工管理以及安全生产管理。还针对高风险工程实施了双周巡查，确保了施工过程中的安全。定期召开安全专题会和月度安全例会，分析和总结各项目的安全情况，制定改进措施。最后，通过数据驱动的安全管理方式，对安全问题进行分类和频次统计，帮助管理层调整安全管理策略，合理分配资源。

这些措施的优点主要体现在以下几个方面。首先，系统化的安全直管模式显著提高了管理效率和安全保障水平。通过建立三级管理体系，各级管理者能够迅速发现并解决安全隐患，确保施工安全。其次，全面的安全管理服务内容覆盖了施工现场的各个方面。通过对人员、机械设备和车辆的严格管理，防止无关人员和设备进入施工现场，减少了安全事故的发生。再次，严格的危大工程双周巡查，确保了高风险工程的安全管理。每次巡查后，通过整改通知单和安全专题会的形式，及时反馈和解决问题，减少了潜在的安全风险。定期的安全专题会和月度安全例会，通过案例分析和培训，提高了全体员工的安全意识，强化了安全责任的落实。最后，数据驱动的安全管理方式，使得安全管理工作更加精准和高效。通过对安全问题进行分类和频次统计，直观地识别出高频问题和趋势，帮助管理层调整安全管理策略，提升了安全管理的科学性和有效性。

区域整体开发项目点多面广，现场安全监管力量薄弱，缺乏有效手段对项目现场安全风险进行整体管控。以数字技术赋能产业转型升级，我国建筑业正面临时代的机遇和挑战，其工业化和信息化程度都明显落后其他行业，加快数字化转型成为建筑业高质量发展的必然选择。施工现场环境复杂多变，物的不安全状态和人的不安全行为是导致事故发生的直接原因，两者不能完全剥离开来进行分析和预警，因此如何进行现场动态安全隐患的识别和预警是下一步需要进行深入研究的方向。

12　三林楔形绿地第三方巡查案例

12.1　项目简介

三林楔形绿地位于浦东新区三林镇，北起中环线、南至外环线、东临济阳路、西至黄浦江。项目是上海城市总体规划确定的中心城八片楔形绿地之一，也是上海市36个“城中村”改造项目中规模最大的一个。2014年项目被列入浦东新区“城中村”改造地块，并明确以公益项目建设的方式进行改造。

项目规划范围约4.2km^2，总面积的65%将建设为公园绿化生态绿地。项目将以绿色为本底，结合自然水系，打造蓝绿交融的生态景观。规划建设2.4km^2，相当于两个世纪公园规模的生态绿地，同时将应用150余种彩化树种、30种珍贵化树种，种植约10万株乔灌木，塑造自然生态野趣的城市森林和春景秋色的沉浸式、开放式公园绿地。

区域内规划有2个轨道交通换乘站点，周边有“二桥三线三隧道”（卢浦、徐浦大桥，轨道交通8号线、19号线、26号线，上中路、龙耀路以及规划罗秀路隧道），综合交通优势突出。项目综合考虑了多元功能和复合使用，配置了丰富的商业、办公、教育、医疗等多种配套设施。

项目分为3个片区，东区将建成为三林地区的地区级公共中心和海派现代的综合宜居社区，规划住宅（含安置房）、配套、商业等约1.4km^2；中区将塑造具有生态串联功能的公共开放绿色共享空间，打造千亩城市森林；西区将建设为生态、多元、复合、开放的滨江绿地，打造0.7km^{2}具有海派文化特色风貌小镇。概念方案如图12-1所示。

12.2　施工总控服务内容

施工总控服务内容主要包括建设时序管理、界面管理、场地管理、土方调配、信息管理和监管巡查等方面，以建设时序作为1条主线，通过对各方各部门的职责梳理，统一策划管理制度，施工过程中通过有针对性多项管控措施，对三林项目建设过程中的建设时序总体统筹、场地布置策划、土方总体调配、在建项目目标执行评估等各项工作进行深入研究，制定适合三林楔形绿地的各项措施，使三林楔形绿地项目的开发

图 12-1　三林楔形绿地概念方案总平面图

建设有条不紊地推进。

由于三林楔形绿地项目涉及园林、水利、市政工程和房建工程，专业众多，面对多专业和多项目的问题，引入了第三方巡查，依托建设单位、施工总控团队、第三方咨询单位的资源和专家技术力量，以专业化的水平和规范化的准则，对工程项目实施分批次、分区域的质量安全巡查，因此第三方巡查成为施工总控服务的一项重要内容。

12.3　第三方巡查工作开展

12.3.1　第三方巡查工作内容

第三方巡查内容包含计划管理、审批管理、文明施工、安全管理、质量管理等 5 个方面，总分 100 分，每项内容评分权重根据项目进展情况调整，在月度巡查通知时明确，各项巡查具体内容见表 12-1。

第三方月度巡查内容　　　　**表 12-1**

检查项目	检查内容	检查方法	分值	检查人员
1. 计划管理（100 分）	1.1 计划审批、执行情况	（1）检查施工单位编制的施工总进度计划（或年 / 月）是否符合经项目管理部审批的建设计划节点要求； （2）检查现场施工进展是否符合经项目管理部审批的建设计划节点要求； （3）检查现场界面间关键节点施工进展是否符合项目管理部审批意见要求	100 分	施工总控

续表

检查项目	检查内容	检查方法	分值	检查人员
2. 审批管理（100 分）	2.1 审批流程执行情况	检查项目涉及的建设计划、土方调配、三通一平、界面管理等审批事项审批手续是否齐全	50 分	施工总控
	2.2 审批事项落实情况	检查项目涉及的土方调配、三通一平、界面管理等审批事项现场落实情况是否与项管部审批意见一致	50 分	施工总控
3. 文明施工（100 分）	3.1 边界及出入口设置	（1）检查现场围墙设置情况； （2）检查现场出入口设置情况； （3）检查现场施工铭牌设置情况	30 分	施工总控
	3.2 施工区域设置	（1）检查现场材料堆放情况； （2）检查现场场地硬化、排水情况； （3）检查现场施工道路情况	30 分	施工总控
	3.3 施工环保控制	（1）检查现场垃圾分类情况； （2）检查现场噪声防治情况； （3）检查现场扬尘控制情况	40 分	施工总控
4. 安全管理（100 分）	详见安全专项检查方案		100 分	安全专检
5. 质量管理（100 分）	详见质量专项检查方案		100 分	质量专检

安全管理检查主要内容为安全生产基础管理（40 分）和安全生产现场实体管理（60 分）两方面，安全生产基础管理检查内容包括安全生产责任制、安全教育、安全交底、安全检查、应急预案、分包管理，安全生产现场实体管理检查内容包含作业规范、消防管理、警示标牌、施工用电、施工机械等。

质量管理检查主要内容包括组织管理（10 分）、技术管理（20 分）、材料管理（10 分）和现场管理（60 分）四个方面。

12.3.2 巡查工作流程

1. 明确需求

根据建设单位需要，了解各方对巡查工作的需求与期望，听取管理方对已开展工程的意见与建议。制定详细的巡查方案，包括内容、区域、路线、手段、工具等，侧重点在于挖掘质量问题与安全隐患。

2. 确定标准

以国家和行业有关技术标准及强制性条文为依据，结合各项目的施工组织设计、设计图纸和专项施工方案，从“符合设计要求”“符合施工方案”及“符合合同要求”的角度出发，确保巡查工作标准合规、高效开展。

3. 编制第三方巡查工作方案

巡查团队进场后，各专业巡查员依据投标文件，施工图纸、施工组织设计、各专项施工方案，监理大纲及各专项监理方案，参建单位投标文件及合同，以及相关法律、法规、规章标准等，编制第三方巡查服务方案，经报建设单位批准后发布实施。

4. 定期巡查

定期巡查需符合以下要求：（1）根据第三方巡查服务方案制订月度巡查计划，报备建设单位后实施巡查工作，将巡查计划通报被巡查单位；（2）按巡查计划和第三方巡查服务方案对被巡查单位开展巡查工作活动；（3）巡查结束后向现场反馈巡查情况；（4）追踪复查问题的落实情况，实行问题整改闭环管理。

5. 随机巡查

对参建的各施工单位及监理单位、重点工序、关键工艺、危大工程的质量安全，根据管理需求进行随机巡查，采用不定时抽查的方法。随机巡查需符合以下要求：（1）巡查前不通知被巡查单位有关巡查工作，实行突击检查的方式；（2）按照巡查计划和第三方巡查服务方案对被巡查单位开展巡查工作活动；（3）将存在的质量安全问题、质量安全隐患及时反馈给被巡查项目；（4）追踪复查问题的落实情况，实行问题整改闭环管理。

6. 定期召开第三方巡查例会

施工总控单位每月主持一次第三方巡查工地例会，由第三方巡查负责人主持召开，各级巡查人员、被巡查单位参加。例会内容如下：（1）对本月突出存在的质量安全问题进行通报和总结，提出下月巡查计划；（2）各被巡检单位针对巡查工作中提出的问题，提出切实可行的整改方案、整改计划和责任人并跟踪复查。

7. 问题的跟踪与反馈

针对质量安全巡查所发现的施工质量及安全问题，巡查方将进行整改跟踪。施工单位在整改完成后，通知监理单位验收，由监理单位留存相关影像资料并递交巡查方；巡查方将审核结果上报建设单位，根据审核结果对施工单位进行奖励或通报等处理；巡查方不定期抽查整改记录或在必要的情况下进行复查，以形成工作闭合。

12.4 第三方巡查案例

12.4.1 巡查工作组织建立

第三方巡查由施工总控负责牵头组建独立于三林楔形绿地各项目的第三方巡查组。第三方巡查依托上海建科工程咨询有限公司后台支撑及地产三林公司项管部的指导，以保证巡查任务的有效实施。

巡查团队由施工总控前台团队、质量专项团队、安全专项团队组成，施工前台团队由施工总控项目部 2 ~ 3 人组成，负责巡查审批事项、进度和文明施工，质量专项检查通过购买服务的方式，引入第三方机构参与在建工程的质量检查工作，充分发挥第三方的专业性、技术性特点，提高建设项目质量管理的有效性和针对性，为建设工程提高质量水平、动态掌控在建项目施工质量状况，及时处置不良行为和质量隐患，稳步建设质量目标提供了基础保障。质量监督组共配备人员 9 人，按地基基础与主体结构、装饰装修、机电安装、室外工程、市政工程、景观绿化等各专业人员 1 ~ 2 人。每次检查安排 3 人，其中管理体系检查 1 人，实体质量检查 2 人。

安全专项检查由建设单位引入安全督查服务团队实施，主要服务内容为各建设项目施工安全督查，未建设地块安全巡查，制定相关安全文明施工标准，审核执行情况，日常巡查和飞行检查，定期召开安全会议，督促检查总包、监理、分包等施工行为。安全督查团队由项目负责人、安全负责人和督察员 3 人组成（图 12-2）。

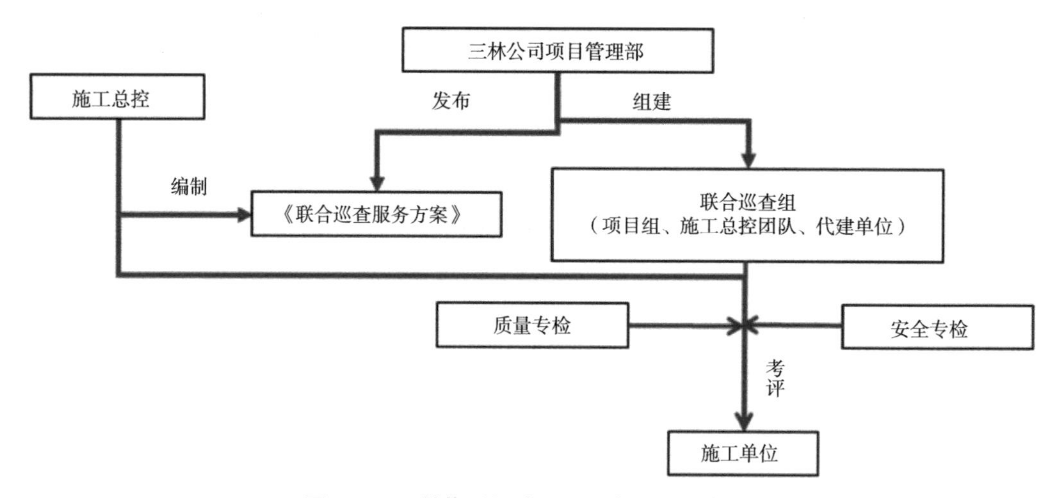

图 12-2　三林楔形绿地项目巡查组织架构图

12.4.2　巡查工作各方职责

1. 建设单位职责

（1）审批、发布第三方巡查方案与考核标准；

（2）指导第三方巡查组开展巡查工作；

（3）督促项目组对巡查问题进行整改落实，给相关责任单位处罚；

（4）审批月度、专项、专题巡查报告。

2. 施工总控团队职责

施工总控团队负责巡查评价工作的策划，并组建第三方巡查小组实施项目考评和参建单位考评，具体的职责如下：

（1）监管评价工作的策划，监管评价方案的编写，以及考核办法的培训；

（2）参与对项目各周期的考评；

（3）跟踪考评中重大问题；

（4）参与对项目管理单位的考评；

（5）组织对项目和参建单位的季度考评；

（6）编写各周期项目考评和参建单位考评的报告。

3. 第三方巡查组职责

施工总控团队在建设单位的领导下，负责巡查评价工作的策划，并组建第三方巡查组实施项目考评和参建单位考评，具体的职责如下：

（1）参与对项目各周期的考评；

（2）跟踪考评中重大问题；

（3）参与对项目管理单位的考评；

（4）组织对项目和参建单位的季度考评；

（5）编写各周期项目考评和参建单位考评的报告。

12.4.3　巡查内容及流程

本项目的第三方巡查服务仅针对施工阶段项目进行，对项目现场正式开工 1 个月以内（有实物工作量）的项目进行巡查对接。结合施工总控工作管理需求，现阶段项目月度巡查内容为进度计划、行为管理、质量管理、安全管理、文明施工 5 个模块。第三方巡查工作流程，如图 12-3 所示。巡查结果采用定量考评方式，总分 100 分。同时结合政府部门管理要求以及建设单位阶段性项目管理需求，适时组织各类专项检查，如复工专项检查、安全专项检查、进度专项检查等，采用定性评价或定量考核方式。

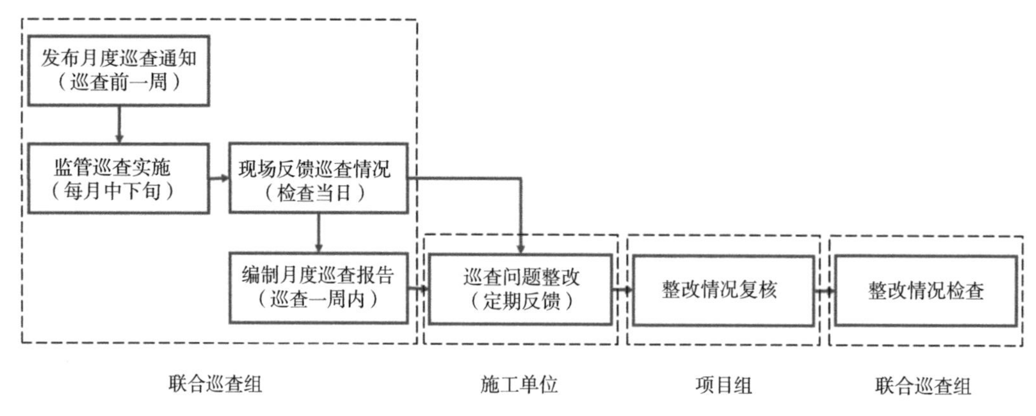

图 12-3　三林楔形绿地项目巡查工作流程

12.4.4　巡查结果分析

按月对项目考评存在的问题进行汇总，分析项目存在的主要问题，分析监理单位、施工单位、项目管理单位在项目管理方面存在的不足，确定下月项目考评的重点。

施工总控单位每月底按项目类型汇总各项目本月内质量、安全、进度等方面的问题及得分，按本月项目考核得分，并按房建项目、市政项目、绿化项目等分类公布月得分及存在的主要问题，形成《巡查评价月考评报告》。主要内容有参建单位月考评情况、项目存在的主要问题分析。

在完成巡查后，由第三方巡查小组召开现场问题总结会，由第三方巡查小组及受检单位参加。在会议上总结巡查过程中出现的主要问题，并由受检单位给出问题处理方案及时间，同时提出下月改进措施。对于出现严重问题的项目或单位进行专项问题讨论。通过月度巡查考评的手段，以达到“激励先进，帮扶后进”的目的，推动项目工作的顺利开展。某月月度巡查实例如下。

1. 三林项目某月巡查总体得分

巡查总体评价由施工总控团队负责，汇总施工总控、安全专项、质量专项三部分内容，具体得分如表 12-2 所示。

月度巡查总体评价表　　　　**表 12-2**

排名	项目名称	施工单位	监理单位	计划管理（30%）	行为管理（10%）	安全管理（20%）	文明施工（20%）	质量管理（20%）	月度巡查评分	政府监督机构检查	监理罚款	月度评分
1	A	a1	a2	100	100	74.81	88	83	89.16	0	0	89.16

续表

排名	项目名称	施工单位	监理单位	计划管理（30%）	行为管理（10%）	安全管理（20%）	文明施工（20%）	质量管理（20%）	月度巡查评分	政府监督机构检查	监理罚款	月度评分
2	B	b1	b2	100	100	72.64	88	84	88.93	0	0	88.93
3	C	c1	c2	100	100	71.04	84	83	87.61	0	0	87.61
4	D	d1	d2	100	100	64.46	91	82	87.49	0	0	87.49
5	E	e1	e2	90	100	61.49	87	90	84.70	0	0	84.70
6	F	f1	f2	85	100	63.19	93	85	83.74	0	0	83.74
7	G	g1	g2	85	100	62.6	95	75	82.02	0	0	82.02
8	H	h1	h2	80	100	60.14	96	76	80.43	0	0	80.43
9	I	i1	i2	80	100	57.54	93	73	78.71	0	0	78.71

由总体评价表可知，问题主要分布在安全管理和质量管理方面，行为管理情况最好，部分项目进度滞后，文明施工基本可控，据此结果调整下月各部分考核内容权重，提高安全和质量管理考核比重，适当减少审批管理和文明施工考核比重。

2. 三林项目某月施工总控巡查分析

（1）三林项目某月巡查计划管理分析

依据项管部已审批的目标责任书中考核节点，做出考核判断，由施工总控团队负责实施，以下以房建项目为例说明（表 12-3）。

月度巡查计划分析表 **表 12-3**

项目名称	考核节点	完成情况	施工进展	备注
A	2024 年 8 月 31 日实物量完成	按计划推进	围墙、室外总体道路、车位及号楼门头大施工	
B	2024 年 8 月 31 日实物量完成	按计划推进	围墙、路基、号房门头施工，乔木种植	
C	2024 年 6 月 30 日结构出正负零	按计划推进	地下室 B2 结构施工	
D	2024 年 5 月 31 日竣工备案完成	已滞后	推进竣工备案工作，问题整改消缺	建设计划节点：5 月 20 日消防验收通过。已滞后
E	2024 年 5 月 31 日竣工备案完成	已滞后	推进竣工备案工作，问题整改消缺	建设计划节点：5 月 20 日消防、绿化验收通过。已滞后
F	2024 年 5 月 31 日竣工备案完成	已滞后	推进竣工备案工作，问题整改消缺	建设计划节点：5 月 20 日消防、绿化验收通过。已滞后

续表

项目名称	考核节点	完成情况	施工进展	备注
G	2024年6月30日结构出正负零（含连通道）	预计滞后	静压桩完成，钻孔桩总共69根，剩余18根	建设计划节点：5月11日连通道冠梁及支撑施工；5月15日土方开挖。已滞后
H	2024年5月31日结构出正负零	已滞后	底板完成，外墙、柱插筋预留	建设计划节点：5月10日钢柱施工；5月20日顶板浇筑。已滞后

（2）三林项目某月巡查整改落实情况计划及文明施工管理分析

主要内容为施工总控单位负责的计划及文明施工管理的月度分析。本次巡查发现问题89项，计划管理12项，文明施工77项，较上月计划管理增加7项，文明施工减少35项，共编制19份整改通知单。各类问题占比：计划管理（12项、占比13.5%）、边界及出入口设置（2项，占比2.2%）、施工区域设置（43项，占比48.3%）、施工环保控制（32项，占比36%），如图12-4所示。

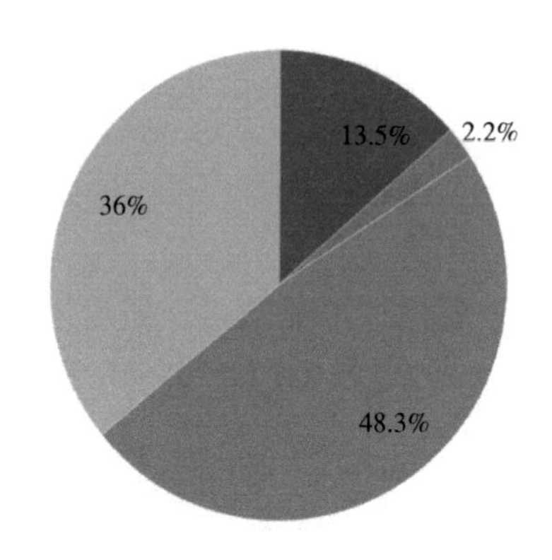

图12-4　某月计划及文明施工管理分析

（3）三林项目某月巡查质量专项检查情况

由第三方质量检查团队实施，此部分内容为本月度质量检查情况分析。

本次共检查了19个项目，发现隐患问题共计182条。实体质量146条（占总隐患的80.2%），施工单位管理行为问题26条（占总隐患的14.3%），监理单位管理行为问题10条（占总隐患的5.5%），如图12-5所示。

质量问题分类占比：工序工艺（96条、占比53.04%）、观感质量（45条、占比24.86%）、建材管理（4条、占比2.21%）、管理行为（36条、占比19.89%），如图12-6所示。

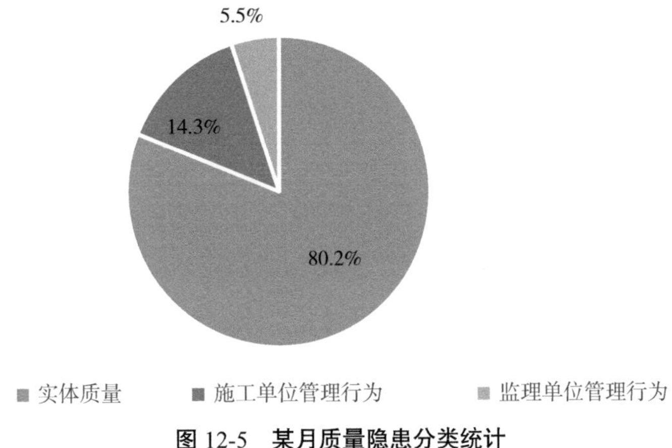

图 12-5　某月质量隐患分类统计

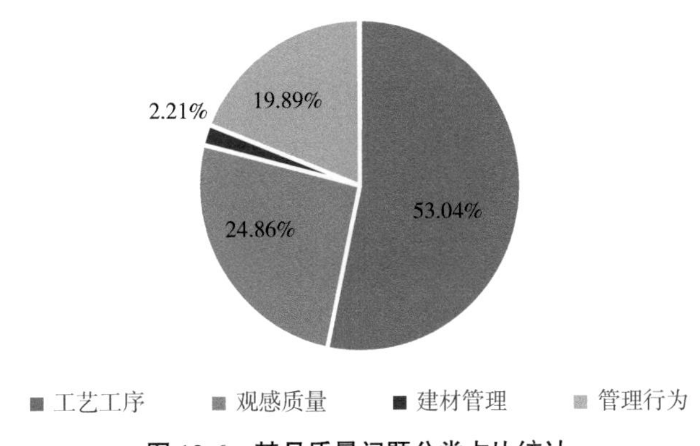

图 12-6　某月质量问题分类占比统计

（4）三林项目某月巡查分析和整改措施

巡查安全管理问题比较突出，共发现问题 91 条，其中房建项目 45 条，接近半数，房建项目问题数量较 4 月有明显上升，且 4 ～ 9 号项目安全考核分低于 70 分。施工总控单位在各项目巡查时已对项目总包单位和监理单位明确提出整改要求，包含所发现问题的整改具体要求和后续安全管理工作改进建议。月度巡查工作完成且总结分析后，对安全管理问题突出的 4 ～ 9 号项目已建议项目管理部，督促相关项目组对各项目参建单位进行约谈督导，施工总控前台团队在下次月度巡查前增加一次安全专项巡查，评估安全管理工作改进情况。在下月进行的月度巡查时，将安全管理权重由 20% 提高至 35%。通过以上措施，重点关注各项目安全管理情况，确保安保体系正常运行，提高三林楔形绿地各项目整体安全管理水平。

对 2023 年下半年月度巡查结果进行统计分析，如图 12-7、图 12-8 所示。

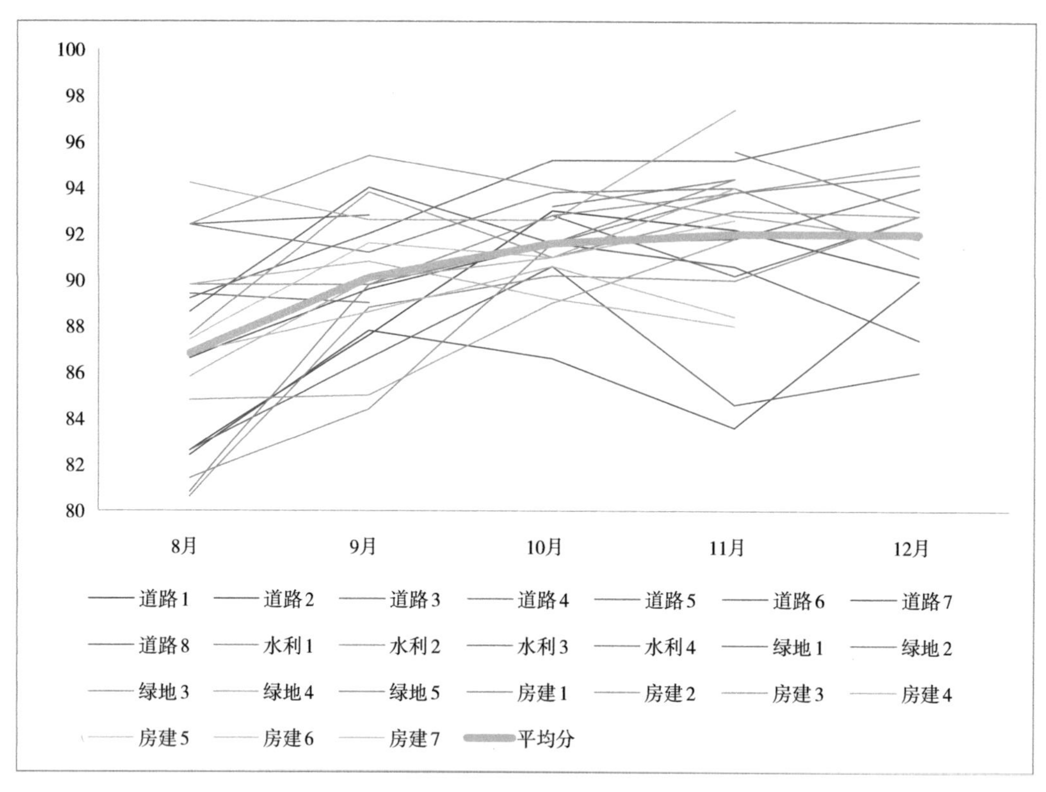

图 12-7 2023 年下半年月度巡查得分统计

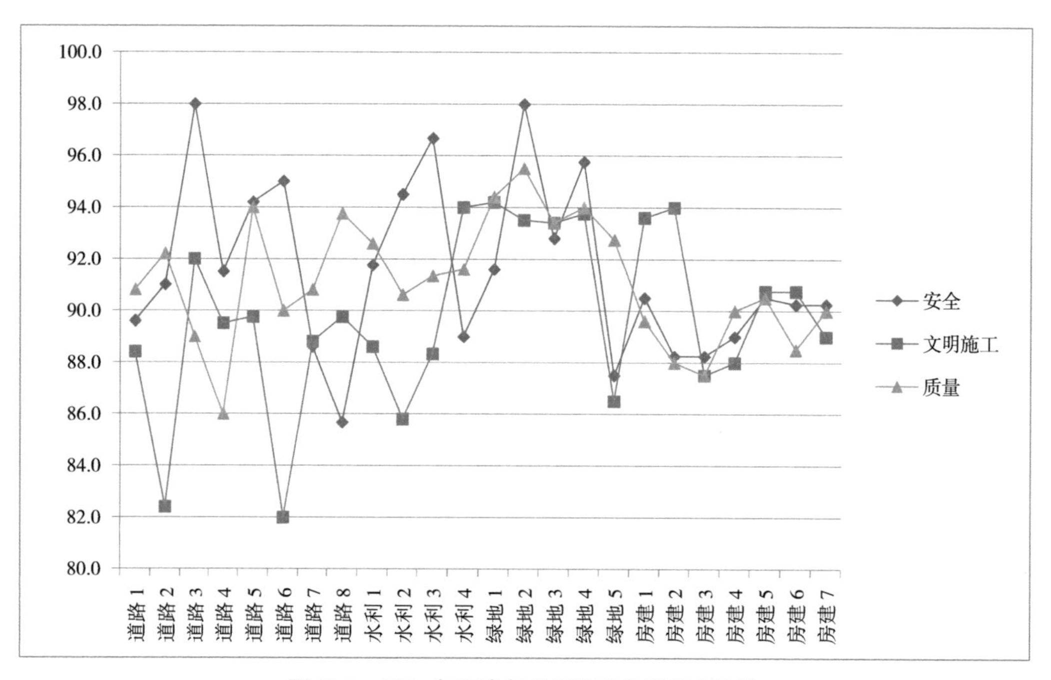

图 12-8 2023 年下半年月度巡查分类得分统计

由图 12-8 可知，2023 年下半年巡查结果整体稳定，整体管控水平较以往有很大提高，部分道路项目个别月份评分较低，巡查纠正后明显改善；安全、文明施工、质量管理整体水平亦较为稳定，市政道路类项目文明施工方面有所欠缺，施工总控团队在后续巡查方案优化中作了针对性的优化。

12.5　管理工作总结

施工总控的第三方巡查工作自 2021 年 5 月开始试行，至今已开展 3 年时间，期间多次进行巡查方案优化、巡查团队优化以及巡查方式优化，使巡查工作更符合项目实际情况。巡查工作的开展，对建设单位而言，大量节约了建设单位现场管理成本，通过第三方团队的引入，由独立的第三方团队对现场安全文明施工、进度、质量管理等进行定期的全面巡查，有效地全面掌握现场施工管理状态，有效地解决了大型片区开发项目建设单位施工多项目的施工现场管控难题。

13　专题咨询案例精选

13.1　公园项目土方平衡专题分析

土方平衡作为大面积扁平化项目、片区开发类项目（建设单位为同一家）最重要的策划工作之一，关系到场地平面布置、项目进度、投资造价等方面，对工程项目合理、高效开展起到至关重要的作用。土方量是土方工程施工组织设计中的主要数据之一，是采用人工挖掘时组织劳动力或通过机械施工时计算机械台班和工期的重要依据。本工程通过分析各区块项目建设计划、各区块项目地勘报告、各区块项目开挖与回填特点，辅助以原始方格网和 Civil 3D 软件，实现对整个项目范围内土方平衡的精确计量和合理调度。

13.1.1　项目背景

世博文化公园南北区以雪野路为界，北区由东向西主要由东入口、地下车库、启动区、地铁车站、隧道中心、世博花园、静谧林、中心湖区、音乐之林和温室等区块组成；南区由东向西主要由双子山、世界花艺园等区块组成。世博文化公园为大型城市公园，占地面积约 150 万 m^2，其中绿化面积占比 80%，并设有大量的土方地形营造。此外，项目还包含一座高约 50m、内含建渣消纳结构空腔的装配式人造山体，以及一座建筑面积约 5.5 万 m^2 的与周边市政轨交连通的地下综合体。

园区土方整体实施重难点较为突出，主要特点概括如下。

（1）土方工序多：挖土工序有清障挖土、景观造型挖土、水系挖土、建筑基础及基坑挖土等；填土工序有景观造型填土、景观种植填土、建渣消纳、建筑基础及地下结构填土等。

（2）施工场地受限：项目建设全面启动，场地可利用空间较为狭窄，建设用地范围内还需考虑临时设施，多余空地富余量较少。

（3）挖填土效率分析复杂：不同的挖填土工序，其挖填土速率有着一定的差别，最显著的差别在于建筑基础、基坑挖土工序与其他填土工序上。建筑基础、基坑挖土工序与基坑工程安全稳定性紧密相关，一般建设项目均采用最大工效加快挖土速率，而景观造型填土、建筑基础、基坑填土工序设计一般有分层回填、分层夯实的要求；建筑渣土消纳填土更是受到基础梁、挡墙分隔设计的影响，运输及施工作业面受限，回填效率较低。挖土工序与填土工序作业速率受到设计、施工方案、现场工况等因素的影响，从土方平衡角度出发，较难实现完美的匹配，需综合调研、分析、论证最终形成最优方案。

项目场地面积 150 万 m^2，地势高低起伏、标高差异大，且包括一条人工水系和人造山体，场地建设之初和设计效果变化差异明显，对土方总量的计算和调度平衡提出极大的难题。

传统的“方格法”计算土方量会存在较大的误差，对后期的实际安排负面影响甚大。而利用 Civil 3D 软件对项目原始地貌地形的测量数据以及设计竣工图的点坐标进行三维建模，通过模型对比和计算，计算出精确的土方需求量。本项目合理使用该软件，在其地形和曲面分析计算的优势下，对园区内的土方进行精确测量。项目南北分块，中间以雪野路为界，通过实际测量并软件模拟后得出以下数据：

（1）北区项目土方量：土方产生量 87.28 万 m^3，土方回填量 49.79 万 m^3；

（2）南区花艺园土方量：土方产生量 68.15 万 m^3，土方回填量 11.68 万 m^3；

（3）南区双子山土方量：土方产生量 34 万 m^3，土方回填量 35.37 万 m^3。

13.1.2　土方平衡分析与建议

对于区域整体开发项目土方工程，若事前未进行系统性的土方平衡研究与策划而盲目上马，无疑会带来诸多不利影响因素；从工程投资者角度来看，未经事先缜密策划的土方实施无疑会带来成本费用增加，造成巨额投资浪费，并影响整体建设工期。基于此，施工总控通过科学合理地安排出土、回填、购土、弃土以及短驳的土方量，并主持开发土方平衡计算系统与数字孪生模拟系统，通过项目基础参数信息录入自动计算生成费用最低路线及多方案比选平衡点等数据成果，实现在区域整体开发项目过程中对土方工程的科学有序调配，输出投资成本最优路线，旨在为项目决策者在区域整体开发项目工程中对土方工程提供决策依据。

通过对区域各项目建设计划的梳理、结合各项目挖填土工序速率以及土方平衡计算系统自动计算数据输出，对各项目每月挖填土工序土方工程量进行统计，具体分析及策划如下。

1. 北区土方平衡分析与建议

（1）北区总出土方量为 87.28 万 m^3。总填土量为 49.79 万 m^3，在不考虑短驳至其他区域的情况下，总土方外运量为37.49万m^3。

（2）出土方量较大的中心湖开挖时间为8～11月，出土量为54.1万m^3。填方量较大的音乐之林填方时间为8～11月，填方量为42.4万m^3；两者在工程时序以及土方量上相匹配，中心湖开发出土可直接堆土至音乐之林区域来完成景观地形填土。

（3）因北区可长期堆土区域为C08区域，只考虑堆放改良土，并无其他堆场，则余量土方均做出土考虑（图13-1）。

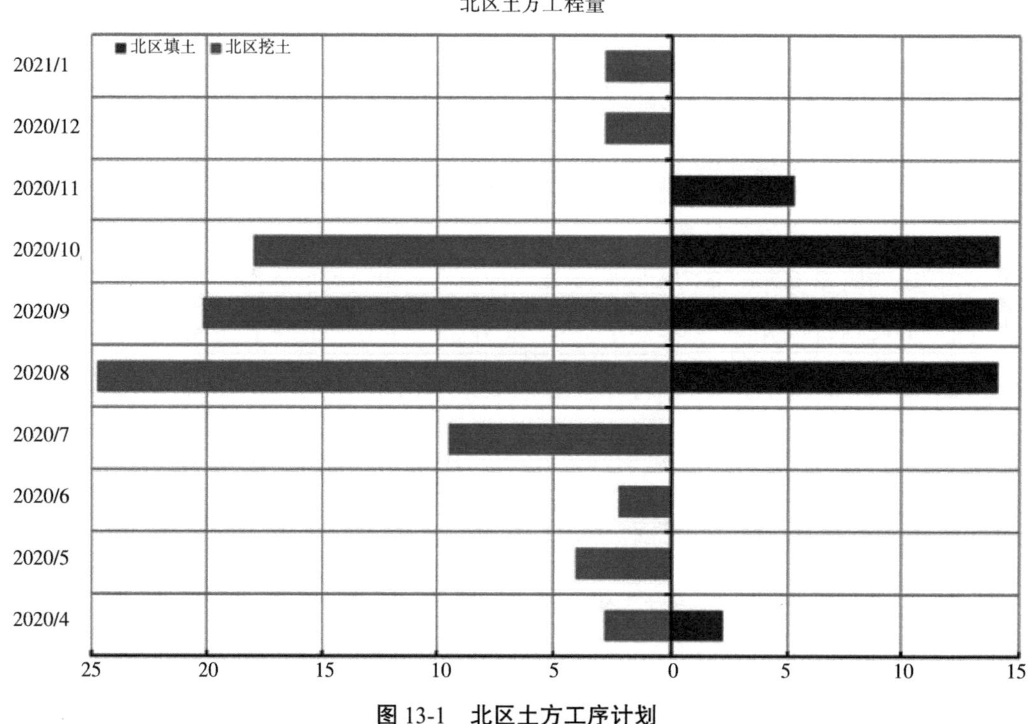

图13-1　北区土方工序计划

2. 南区土方平衡分析与建议

南区花艺园A1、A3坑基坑挖土在2020年11月至2021年3月，A2基坑挖土在2021年9月至2021年10月，挖土总量为25.5万m^3。花艺园景观挖土时间为2021年4月至2021年6月，主要为景观区清障及地形挖土，挖土总量为5.66万m^3。双子山基坑挖土在2020年12月至2021年4月，出土总量为34万m^3（图13-2）。

（1）因南区各项目土方开挖与回填的时空逻辑不同，可利用建设单位另一块场地“九宫格”项目作为临时堆场，峰值堆土量为19.34万m^3，使用时间为2020年11月到2021年12月底，按短驳算。

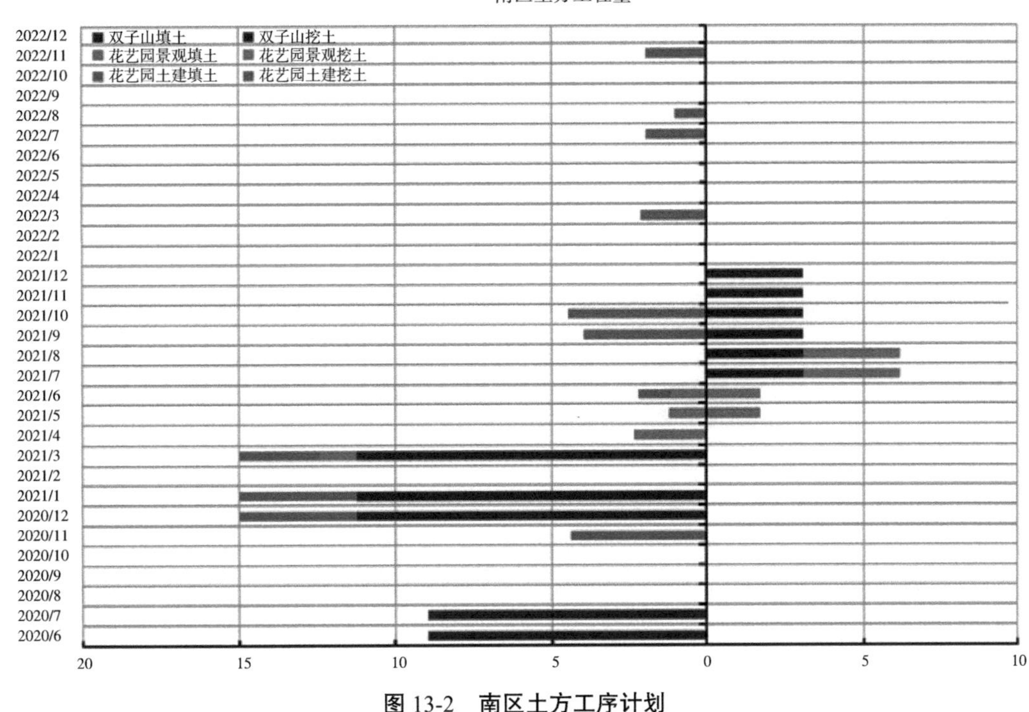

图 13-2 南区土方工序计划

（2）花艺园土方只考虑 A 基坑一二层土，总量为 25.5 万 m^3。B 基坑挖土总量为 14.2 万 m^3，B 基坑挖土因时序无法匹配及没有合适堆场，全部清运出场。第三层为淤泥，总量为 18.7 万 m^3 全部清运。

（3）利用双子山建渣消纳层可以消纳花艺园基坑一二层出土方量 18 万 m^3。双子山建渣消纳层，消纳层高度为 2m，设计理论消纳量为 20.37 万 m^3。按双子山每日 1000m^3 填土速度为依据，并只按消纳花艺园土方计算，且回填计划为 6 个月，则实际回填量为 18 万 m^3（表 13-1）。

南区土方短驳表 **表 13-1**

日期	花艺园挖土（万 m^3）	双子山挖土（万 m^3）	双子山回填（万 m^3）	花艺园回填（万 m^3）	堆场短驳（万 m^3）
2020/06/15 ~ 2020/07/30		18（清运出场）	0	0	0
2020/11/01 ~ 2020/11/15			0		4.46
2020/11/15 ~ 2020/12/01			0		4.46
2020/12/01 ~ 2020/12/15	3.06	5.65（清运出场）	0		8.92

续表

日期	花艺园挖土（万 m^3）	双子山挖土（万 m^3）	双子山回填（万 m^3）	花艺园回填（万 m^3）	堆场短驳（万 m^3）
2020/12/15 ～ 2021/01/01	A1 坑第一道支撑施工	5.65（清运出场）	0		8.92
2021/01/01 ～ 2021/01/15	3.06	5.65（清运出场）	0		13.18
2021/01/15 ～ 2021/02/01	3.06	5.65（清运出场）	0		13.18
2021/03/01 ～ 2021/03/15	A1 坑第二道支撑施工 2.26（景观工程清运出场 0.36） 3.06（A1 坑淤泥清运出场）	5.65（清运出场）	0		19.34
2021/03/15 ～ 2021/04/01	3.06（A1 坑淤泥清运出场）	5.65（清运出场）	0		19.34
2021/04/01 ～ 2021/05/01	1.93（景观工程全部清运出场）	0			19.34
2021/05/01 ～ 2021/06/01	1.93（景观工程全部清运出场）	0		1.6	17.74
2021/06/01 ～ 2021/07/01	3.3（景观工程全部清运出场）	0		1.6	16.14
2021/07/01 ～ 2021/08/01		0	3	3.1	10.14
2021/08/01 ～ 2021/09/01	2.9	0	3	3.1	3.94
2021/09/01 ～ 2021/10/01	5.8（A2 坑第一道支撑施工 15 天）	0	3		4.97
2021/10/01 ～ 2021/11/01	5.8（A2 坑第二道支撑施工 15 天）	0	3		6
2021/11/01 ～ 2021/12/01		0	3		3
2021/12/01 ～ 2022/01/01	2.92	0	3		0
2022/03/01 ～ 2022/04/01	5.84（A3 坑第一道支撑施工 15 天）	0			
2022/04/01 ～ 2022/05/01	5.84（A3 坑第二道支撑施工 15 天）	0			
2022/05/01 ～ 2022/06/01	6.8（B 基坑渣土清运出场）	0			
2022/06/01 ～ 2022/07/01	3.8（B-5、7 基坑开挖）				
2022/09/01 ～ 2022/10/01	3.5（B-4、6 基坑开挖）				
2023/01/01 ～ 2023/02/01	1.8（B-2 基坑开挖）				
2023/04/01 ～ 2023/05/01	3.6（B-1、3 基坑开挖）				
总计	理论挖土量 67.82	理论挖土量 51.9	理论回填量 20.37	理论回填量 9.4	
	实际出土量 18.7 淤泥 +21.72 渣土	实际出土量 51.9	实际回填量 18	实际回填量 9.4	
原方案	花艺园挖土（万 m^3）	双子山挖土（万 m^3）	双子山回填（万 m^3）	花艺园回填（万 m^3）	堆场短驳（万 m^3）

续表

日期	花艺园挖土（万 m^3）	双子山挖土（万 m^3）	双子山回填（万 m^3）	花艺园回填（万 m^3）	堆场短驳（万 m^3）
总计	理论挖土量 67.82	理论挖土量 51.9	理论回填量 37.8	理论回填量 9.4	峰值堆土量 19.7
	实际出土量 18.7 淤泥 +14.22 渣土	实际出土量 51.9	实际回填量 25.50	实际回填量 9.4	

13.1.3 土方平衡成效与结论

结合对本项目挖填土土质、速率、土方量及计划的分析，最终采取借用外部临时土方堆场进行动态土方调配方式，以使项目施工阶段土方调配效益最大化。通过区域土方平衡及动态调配分析，项目出土时间可直接匹配回填使用的土方，直接进行场内土方调配；项目出土时间无法匹配回填使用的土方，结合回填工序所需土方量，由外部堆场进行周转调配，最终实现了区域共 35.68 万 m^3 上方的平衡。

13.2 超长抗压工程桩试桩选型专题分析

13.2.1 项目背景

上海金桥城市副中心春宇地块项目位于浦东新区，东至金藏路，西至马家浜河，南至规划横六路，北至金三支路。工程用地面积 2.3 万 m^2，总建筑面积 30.7 万 m^2，本工程共包含两栋超高层塔楼，高度分别为 330m 和 200m，共包含四层地下室，其中 330m 高塔楼底板埋深约 25m，200m 塔楼底板埋深约 24m，裙房、纯地下室区域底板埋深约 22m。

考虑到超高层建筑对提高桩基承载力、减小沉降等方面均提出极高的要求，经充分论证，本项目塔楼区域试桩采用了成熟度较高的钻孔灌注桩 + 后注浆工艺，分三组桩型实施。

（1）“STZ-850a 大注浆量桩端后注浆”，桩端进入⑦$_2$ 土层，后注浆量 4.3t，变异系数 0.352 ~ 0.378。

（2）“STZ-850b 桩端桩侧联合后注浆”，桩端进入⑦$_2$ 土层，后注浆量 2.5t+0.8t，变异系数 0 ~ 0.044。

（3）“STZ-1000 桩端桩侧联合后注浆”桩端进入⑨$_2$ 土层，后注浆量 3t+1t，变异系数 0.152 ~ 0.182（表 13-2、表 13-3、图 13-3）。

依据性试桩静载检测数据 表 13-2

组别	桩号	有效桩长（m）	设计最大加载量（kN）	桩顶最大沉降量（mm）	桩端最大沉降量（mm）	桩顶最大回弹量（mm）	回弹率（%）	单桩竖向抗压极限承载力（kN）		桩型
								不考虑桩身压缩	考虑桩身压缩	
第一组	SZ1	59	25000	109.67	53.04	—	—	17500	17500	STZ-1000
	SZ2	59	25000	60.44	4.81	28.94	47.9	21665	25000	STZ-1000
	SZ3	59	25000	100.69	25.55	—	—	23750	23750	STZ-1000
	STZ-1000 桩型单桩竖向抗压极限承载力统计值 R_{tk}							20970	21642	
第二组	SZ4	42	16000	105.63	76.00	—	—	8000	8000	STZ-850a
	SZ5	42	16000	45.02	4.32	26.65	59.20	15362	16000	STZ-850a
	SZ6	42	16000	134.10	101.28	—	—	9600	9600	STZ-850a
	STZ-850a 桩型单桩竖向抗压极限承载力统计值 R_{tk}							9493	9600	
第三组	SZ7	42	16000	50.75	4.85	28.33	55.82	14755	16000	STZ-850b
	SZ8	42	16000	50.95	5.33	22.02	43.21	14916	16000	STZ-850b
	SZ9	42	16000	39.04	3.59	17.65	45.21	≥ 16000	≥ 16000	STZ-850b
	STZ-850b 桩型单桩竖向抗压极限承载力统计值 R_{tk}							15223	16000	

依据性试桩钻芯取样检测数据 表 13-3

组别	桩号	桩型及后注浆类型	单桩竖向抗压极限承载力（kN）		混凝土芯样抗压强度（MPa）		水泥浆块情况	沉渣情况	持力层情况
			不考虑桩身压缩	考虑桩身压缩	设计值	实测代表值			
第一组	SZ1	STZ-1000 桩端桩侧联合后注浆（3t+1t）	17500	17500	C50 水下	50.9	厚 0.15m，灰白色，扁柱状。较坚硬	厚 0.20m，灰色，砂性，较密实	⑨$_2$ 中粗砂，灰色，密实
	SZ2		21665	25000	C50 水下	—	钻进进尺 1.2m 时（耗时 1.5 台班），岩芯管与钻杆连接处断裂，岩芯管掉入孔内，无法继续钻进		
	SZ3		23750	23750	C50 水下	—	ϕ73 钻具仅能下放至 33m 处，无法钻进。分析应为预埋钻芯管在 33m 处变形		

续表

组别	桩号	桩型及后注浆类型	单桩竖向抗压极限承载力（kN）		混凝土芯样抗压强度（MPa）		水泥浆块情况	沉渣情况	持力层情况
			不考虑桩身压缩	考虑桩身压缩	设计值	实测代表值			
第二组	SZ4	STZ-850a大注浆量桩端后注浆（4.3t）	8000	8000	C45水下	45.2	沉渣夹水泥块，厚0.55m，灰白色～灰黑色，上部尤多呈扁柱状		⑦$_{2}$粉砂，灰色，可见层状结构，密实
	SZ5		15362	16000	C45水下	预埋钻芯管直接插到孔底，未钻遇混凝土	未见	厚0.5m，灰黄色，无层理结构。偶见贝壳碎屑，密实，经附近钻孔验证。附近63～66m处无灰黄色土层。应为上部⑦$_{11}$层砂质粉土局部孔壁坍塌落入孔底，判断为沉渣	⑦$_{2}$粉砂，灰色，可见层状结构，密实
	SZ6		9600	9600	C45水下	46.3	未见	厚0.1m，砂质，夹少量碎石，较密实	⑦$_{2}$粉砂，灰色，可见层状结构，密实
第三组	SZ7	STZ-850b桩端桩侧联合后注浆（2.5t+0.8t）	14755	16000	C45水下	45.8	厚0.4m，灰白色，扁-短柱状，较坚硬	未见	⑦$_{2}$粉砂，灰色，可见层状结构，密实
	SZ8		14916	16000	C45水下	46.1	65.85m处存在少量水泥浆块，灰白色	未见	⑦$_{2}$粉砂，灰色，可见层状结构，密实
	SZ9		≥16000	≥16000	C45水下	45.4	厚0.25m，灰白色，扁柱状，较坚硬	未见	⑦$_{2}$粉砂，灰色，可见层状结构，上部夹黏粒较多，密实

13.2.2 依据性试桩选型分析与建议

根据《依据性试桩静载检测承载力统计报告》《岩土工程勘察报告》《试桩设计图纸》《试桩施工方案》《桩端钻孔取芯报告》等文件内容，对三种桩型分析如下。

（1）"STZ-850a"桩型中的3根试桩单桩竖向抗压极限承载力差异很大，其中2根试桩最大加载值与设计最大加载值相差较大时即产生破坏，变异系数远大于0.17，且承载力大幅低于非注浆常规灌注桩的计算值，与成孔工艺控制不到位有关。

（2）"STZ-850a"桩型和"STZ-1000"桩型承载力离散度较大，钻孔取芯报告中部分桩底沉渣较厚，SZ5、SZ6、SZ8等桩底未见水泥浆块或极少量水泥浆块，SZ2、

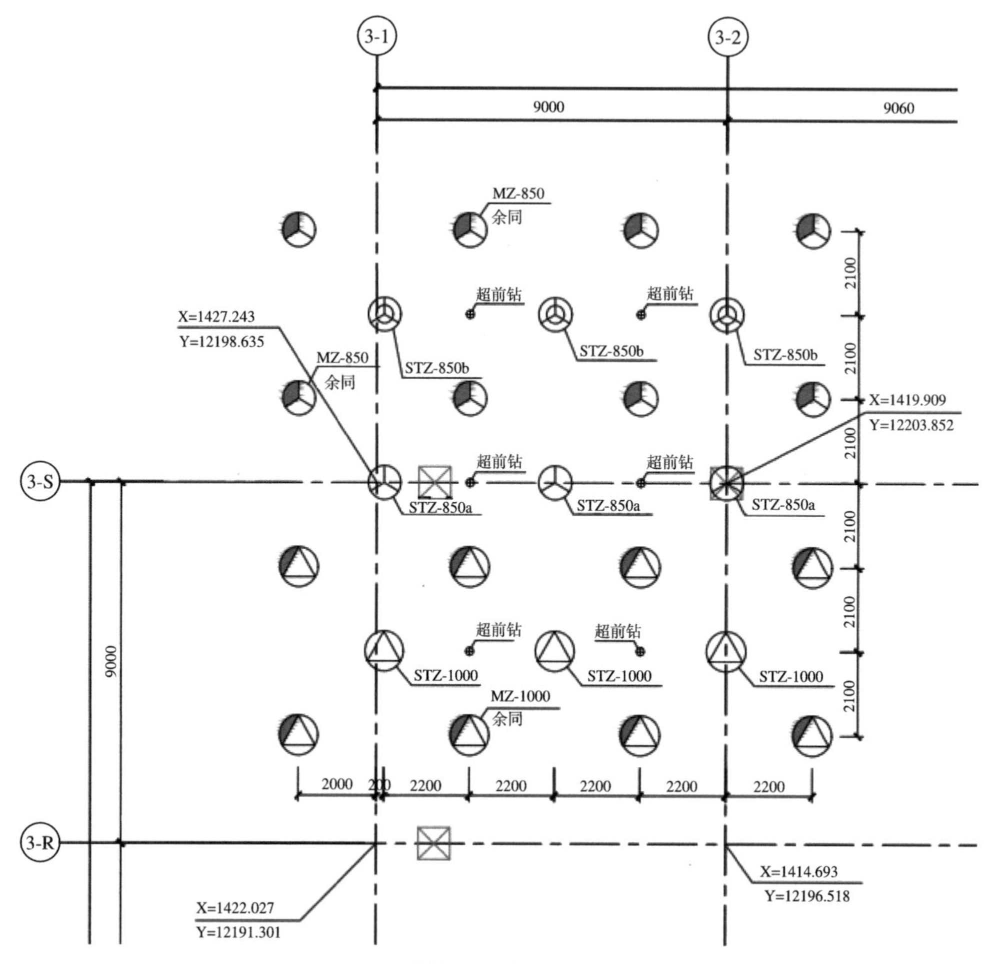

图 13-3　试桩、锚桩施工平面布置图

SZ3 等桩在钻芯过程中无法钻进或钻杆断裂，分析可知试桩施工质量对试桩承载力检测结果造成较大影响，依照以往类似案例分析来看，试桩施工相比大面积工程桩施工更为精细，特别是桩侧注浆工艺在承载力提升效果上差异明显。

（3）桩端注浆试桩结果出现两种极端现象：（1）第一种现象是与没有注浆时地勘报告的参数、计算的承载力接近，注浆没有返上来包裹桩身，提高承载力；（2）第二种现象是和桩端桩侧联合注浆时的承载力相近，承载力提高较多。可判断因试、锚桩位置较为集中、桩间距过近，持力层的粉砂土层中水泥浆液在桩间极大可能会发生串浆现象，造成群桩区域板结为一体，提高了试验极限承载力，而在工程桩施工时不确定深层地质条件及注浆质量难以控制等因素影响下，板结效果可能难以达到试桩时的效果，导致承载力下降。

（4）三种桩型都穿越深厚的第⑦层砂质粉土和粉砂层，厚度超过 30m，成孔极易造成桩身缩径和桩端沉渣，灌注桩的施工难度大，控制不好易导致承载力离散性较大。

（5）测算后上部荷载按面积均摊值约 1300kN/m^2，地勘报告估算值约 1400kN/m^2。两桩型承载力按分摊面积折算每平方米极限承载力约为 2300kN/m^2（表 13-4），特征值为 1150kN/m^2，小于上部荷载值 1300kN/m^2，不足部分考虑了近 20m 深的水浮力，即 200kN/m^2，桩承载力 + 水浮力与上部荷载基本持平，富余量很小，对工程桩成桩质量控制带来很大挑战，故需选择承载力风险度更低的桩基选型方案最为可靠。

按 3d 桩心间距布桩指标　　**表 13-4**

桩型	桩径（mm）	桩长（m）	体积（m^3）	布桩 3d 控制面积 m^2	极限承载力统计值（kN）	分摊每平方米承载力（kN）
STZ-850b	850	42	23.821	6.5	15223	2342
STZ-1000	1000	59	46.315	9.0	20971	2330.1

（6）经计算，三种桩型注浆与不注浆承载力提高幅度范围分别为：“STZ-850a”桩型为 -11% ~ 71%，“STZ-850b”桩型为 64% ~ 78%，“STZ-1000”桩型为 -2% ~ 33%，根据三组数据分析可知，同等工况下，相较于“STZ-1000”桩型，“STZ-850b”桩型承载力的提高对桩端桩侧注浆工艺依赖度较高，但目前国内桩侧注浆工艺成熟度较低，对施工人员技术要求较高，另外深层地质条件难以预测、桩侧注浆质量难以控制；而“STZ-1000”桩型的桩长和桩径均大于“STZ-850b”桩型，可大大增加与土体的接触面积，增大桩壁与土层间摩擦阻力，进而降低承载力不足的风险。

（7）根据现有资料判断，在满足单桩承载力、布桩和沉降控制条件下，“STZ-850b”和“STZ-1000”两种桩型均可；但不管选用哪种桩型，进入第⑦层砂层后皆应采用优质膨润土制备泥浆，采用除砂器，调整泥浆配比，保证孔壁稳定，采用合适的沉渣清孔工艺，二清应采用反循环清孔。“STZ-1000”桩型检测结果虽然具有一定离散性，但不能因此否定该桩型的可行性。参照上海类似超高层项目桩型选择、底板抗冲切受力、成孔工艺等因素，建议优先选用“STZ-1000”桩型。

13.3　基坑施工对周边老旧建筑影响专题分析

13.3.1　项目背景

上海金桥金谷 W4-4 地块项目位于上海市浦东新区金桥南区。本工程总用地面积约 7617.9m^2，总建筑面积 19635.8m^2，涵盖 1 栋 4 层厂房、1 栋 3 层配套用房及 1 层地下室等；其中地下室基坑面积 4170m^2，基坑普遍挖深 6.3m。

考虑到项目基坑实施过程中对周边现有老旧建筑的影响，故委托第三方房屋检测单位对老旧建筑进行现状检测并形成《W4-4 地块周边老旧建筑现状检测报告》，后根据检测报告委托第三方房屋加固单位对老旧建筑进行加固方案策划并形成《W4-4 地块周边老旧建筑地基加固策划书》。

老旧建筑检测报告检测情况如下。

（1）1 号房屋单层简易搭建，基础推测采用浅基础，西侧墙为彩钢板，东侧墙为 2 号房屋西墙，南北两侧墙为砖墙，屋面为彩钢板，墙体平面不闭合，结构整体性差，对相邻基坑施工可能产生的不均匀变形较为敏感。

（2）2 号房屋采用砖混结构，基础推测采用浅基础，墙体及砖柱均为空斗墙（横墙较少），楼板为预制板，屋盖为木屋面，阳台楼板为现浇板，承重墙上方设置圈梁，纵横墙交接处未设置构造柱，结构体系薄弱，存在严重安全隐患，且目前老化损伤较多，抵抗不均匀沉降能力较差，对相邻基坑施工可能产生的不均匀变形较为敏感。

（3）3 号房屋为混合结构，基础推测采用浅基础，墙体及砖柱均为空斗墙，房屋东侧和南侧墙体建在原 1.8m 高围墙上（围墙与纵横向新增墙体或砖柱之间不咬槎，墙体平面内不闭合），屋面采用钢屋架、混凝土檩条、木椽条、木屋面，钢屋架之间设置交叉支撑，钢屋架两端搁置在砖柱上，结构体系薄弱，存在严重安全隐患，且目前老化损伤较多，整体向北侧倾斜，部分角点倾斜率较大，抵抗不均匀沉降能力较差，对相邻基坑施工可能产生的不均匀变形较为敏感。

（4）4 号房屋北侧单体、南侧单体为单层砖混结构、现浇板屋盖，设置圈梁，未设置构造柱，结构整体性尚可，但目前两幢房屋老化损伤较多，部分角点倾斜率较大（北侧单体 9.8‰、南侧单体 13.1‰），南侧单体向北有一定倾斜，抵抗不均匀沉降能力较差，对相邻基坑施工可能产生的不均匀变形较为敏感。

以上 4 栋建筑均建议施工前对房屋采取必要加强措施，施工时应对建筑沉降变形及裂缝发展进行监测。平面图见图 13-4，实拍图见图 13-5。

房屋地基加固策划情况。建议采用改性聚酯注浆技术 + 隔离桩结合冠梁等主动与被动技术手段对建筑基础下土体进行地基加固和提高建筑地基抵抗变形能力，并提出如下三套加固比选方案（表 13-5）。

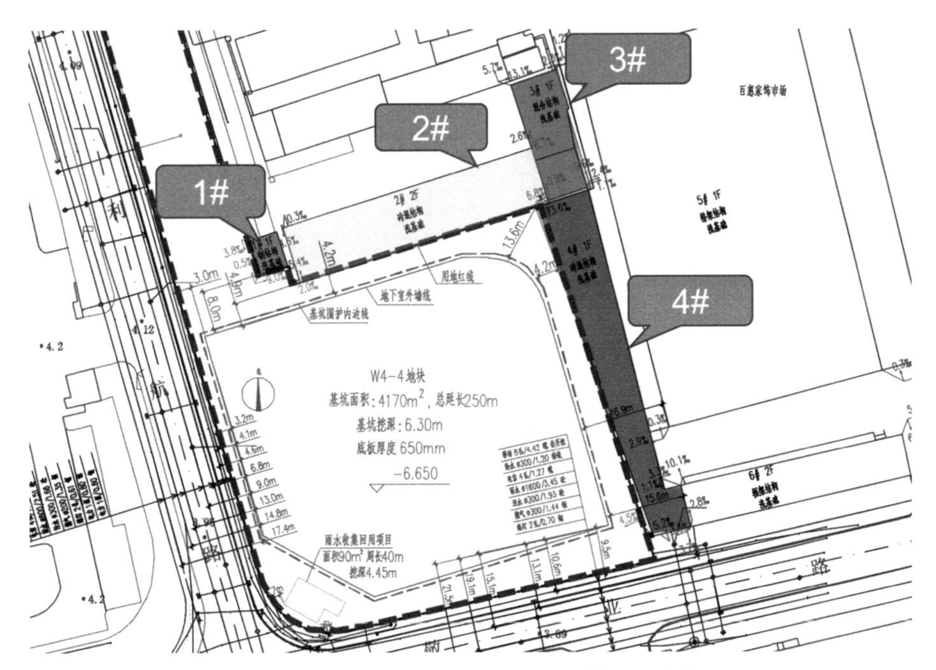

图 13-4　W4-4 地块及其周边老旧建筑平面分布图

图 13-5　周边老旧建筑现状实拍图

老旧建筑加固策划比选方案 **表 13-5**

项目	方案一	方案二	方案三
技术方案	注浆加固（深度 5m）	红线内施工隔离桩 + 注浆加固（深度 3m）	隔离桩 + 注浆加固（深度 3m）
加固范围	房屋整体基础	临近基坑一侧	房屋整体基础
是否跟踪注浆	三次跟踪注浆，加固深度 3m	三次跟踪注浆，加固深度 3m	三次跟踪注浆，加固深度 1m
受限制条件	需与临近建筑业主单位沟通，需到被加固建筑内施工	仅在红线内施工，沟通成本相对较低	需与临近建筑业主单位沟通，到被加固建筑内施工
工期	需与临近建筑业主沟通，工期或不可控	虽然隔离桩工期加长，但整体工期可控	隔离桩工期加长，地基加固部分工期不可控，整体工期最长
沉降控制效果	较好	较好	最好

13.3.2 基坑实施对周边建筑影响分析与建议

根据《建筑现状检测报告》《建筑地基加固策划书》《岩土工程勘察报告》《桩基、基坑支护设计图纸》等文件内容及组织团队现场实地踏勘，对三套加固比选方案提出分析建议如下。

（1）应对需要保护建筑进行结构检测与安全评价，确定需要保护建筑的变形控制标准。

（2）基坑支护设计时，应进行基坑变形与周边建筑结构变形分析，形成对应需要保护建筑结构安全时的基坑变形控制标准。

（3）新工艺，需更多技术样本支撑，建议对材料配比、土层适应性、注浆填充与加固施工参数和环境保护（改性聚酯是否对地下水与土壤造成污染）等进行充分论证，并明确施工工艺与控制标准。

（4）基坑开挖深度范围存在③$_t$黏质粉土层，易发生基坑渗漏，对周边建筑物变形影响大，应提高水泥掺入量和水泥土搅拌时间，强化水泥土桩冷缝的施工处置措施。

（5）应补充完善基坑渗漏、所需保护建筑变形超标报警的应急预案。

（6）隔离桩与既有建筑间距为 1.4m，需进一步确认是否满足桩机最小工作面积要求。

（7）隔离桩沉孔作业有塌孔风险，须严格制定措施做好风险控制。

（8）建筑局部注浆可能产生不均匀沉降，需优化控制注浆参数以确保施工时对周边的挤土效应在可控范围内。

（9）施工准备阶段安全控制：做好施工组织及交通流线策划，以确保快速完成地下室回筑；与周边建筑产权、使用单位协商，基础施工到回筑完成期间，周边建筑尽可能暂停使用；提前做好应急预案，包括监测结果处置预案、建筑损坏处置预案、应急救援预案；地下结构实施前、实施后，对临近建筑统一进行安全评估，评估合格后再进行使用。

（10）施工过程阶段安全控制：限制大型机械及重型车辆在基坑与建筑间的行驶或停留；桩头、支撑拆除时尽可能选用振动较小的拆除方式并加强现场管理人员安全巡视，增加基坑及建筑检测频率；SMW 工法桩施工时，在型钢插入前加强减摩剂涂抹，减少拔除阻力；基坑③$_t$层为黏质粉土，建议围护桩提高水泥掺入量和水泥土搅拌时间，冷缝尽可能设置在背离建筑一侧；围护桩与结构之间尽可能选用砂土回填，压实度在满足设计要求后方可拆除斜抛撑。

13.4　金融荣耀之环项目施工专题分析

13.4.1　项目背景

临港新片区 105 社区金融东九、西九项目建设地点位于中国（上海）自由贸易试验区临港新片区现代服务业开放区金融总部湾区首发项目东九宫格、西九宫格地块。

本工程用地面积 21919m^2，总建筑面积 132211.72m^2，其中地上 80575.66m^2，地下 51636.06m^2。本工程共计有 T2、T3、T2’、T3’四栋塔楼及四栋塔楼上方环形空间（荣耀之环），塔楼顶标高 45.65m。环形连廊与塔楼连接的支座及其以上部分，用钢量共计约 8500t。荣耀之环外径 153m，内径 115m，圆环宽度约为 16m，支座之间最大跨度 120m；该环楼面梁顶标高 48.8m，屋面梁顶标高 55.4m，层高 6.6m。荣耀之环内部空间的主要功能为商业用途。

荣耀之环整体为“C”形开口的环形桁架结构，结构通过支座坐落在四栋塔楼上，分别为 T2、T2’、T3、T3’塔楼。圆环与下部四栋塔楼间设 26 个支座，分为固定铰支座和抗拉型滑动支座两类。其中 T2 塔楼、T3’塔楼上部各分布 7 个滑动铰支座，T2’塔楼、T3 塔楼上部各分布 6 个固定铰支座。荣耀之环主要由内环倒三角环带桁架和上下两层悬挑梁组成，桁架高度 6.6m，杆件采用大尺寸箱型截面，圆环内侧设有斜拉杆。

荣耀之环整体结构总重约 8000t。将圆环分为三个施工区域。第一区域为塔楼投影面上方的圆环结构区域，钢结构总重约 4000t，单重约 1000t；第二区域为 T2 塔楼与 T3 塔楼之间、T2’塔楼与 T3’塔楼之间的圆环结构区域，钢结构总重约 660t，单重约 330t；第三区域为 T2 塔楼与 T2’塔楼之间、T3 塔楼与 T3’塔楼之间的圆环结构区域，结构总重约 3100t，单重约 1550t（图 13-6）。

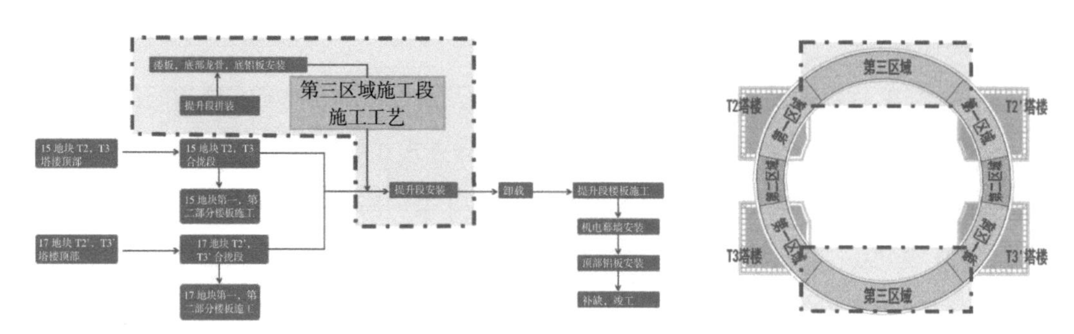

图 13-6　荣耀之环钢结构施工流程图

荣耀之环钢结构施工重难点主要集中在第三区域。第三区域均在地块红线外施工，且在构件跨度大、整体重量大、高空作业安全风险大、焊接工艺要求高等条件下，在施工准备阶段提了三种施工方案供决策者比选。

1. 方案一：地面散拼 + 液压千斤顶整体提升

工况一：区域一钢结构施工。该区域采用临时支撑 + 高空散拼的施工工艺，吊装机械选用 600t 履带吊。

工况二：区域二钢结构施工。该区域采用高空散拼的施工工艺，吊装机械选用 600t 履带吊。

工况三：区域三钢结构施工。该区域采用地面散拼 + 整体提升的施工工艺，吊装机械选用 300t 履带式起重机，在中轴附近设置材料堆场。

2. 方案二：圆环上行走式塔式起重机方案

工况一：区域一钢结构施工。在四栋塔楼外侧设置材料堆场，四栋塔楼顶部各设置一台动臂式固定塔吊，每个塔楼上部的塔式起重机覆盖该区域结构施工范围。

工况二：区域二钢结构施工。在施工完成的区域一上部铺设供塔式起重机行走的轨道，上一工况中四台动臂式塔式起重机转换至已施工完成的区域一上方，这些塔式起重机安装上行走机构形成行走式塔式起重机。施工区域二钢结构时，四台行走式塔式起重机均移动至区域一靠近区域二的边缘进行区域二钢结构吊装。材料堆场与工况一致。

工况三：区域三钢结构施工。在施工完成的区域二上部铺设轨道与区域一轨道贯通，在两条贯通轨道上的两台塔式起重机区间设置一行走平台，该平台起到高空移动式材料堆场的作用。该工况材料堆场设置在区域二外侧，先由一台塔式起重机将构件吊装至移动平台上，移动平台将构件输送给区域一靠近区域三端部塔式起重机进行吊装。

工况四：区域三钢结构施工。在区域三施工完成的部分上部铺设轨道与区域一轨道连接。该工况材料堆场设置在区域二外侧，先由一台塔式起重机将构件吊装至移动平台上，移动平台将构件输送到端部塔式起重机进行吊装，重复上述过程直至圆环合拢前。

工况五：区域三合拢段钢结构施工。在区域三施工完成的部分上部铺设轨道与区域一轨道连接，该工况材料堆场设置在区域二外侧，先由一台塔式起重机将构件吊装至移动平台上，移动平台将构件输送到端部塔式起重机进行吊装。该工况仅保留同侧两台塔式起重机进行合拢段吊装。

3. 方案三：行走式门式高空平台方案

工况一：安装 T2、T3 塔楼顶部的第一区域钢结构。平台左右两侧作为 600t 履带式起重机作业场地，其余部分作为材料堆场。

工况二：安装 T2’、T3’ 塔楼顶部的第一区域钢结构。平台左右两侧作为 600t 履带式起重机作业场地，其余部分作为材料堆场。

工况三：安装第二区域钢结构；平台左右两侧作为 600t 履带式起重机作业场地，其余部分作为材料堆场。

工况四：安装 T2、T2’ 塔楼之间的第三区域的钢结构。处于荣耀之环投影下方的平台作为第三区域拼装场地，搭配拼装胎架进行第三区域拼装。平台平行于拼装场地的 10m 宽的区域作为 300t 履带式起重机作业场地，其余部分作为材料堆场。

工况五：安装 T3、T3’ 塔楼之间的第三区域钢结构。处于荣耀之环投影下方的平台作为第三区域的拼装场地，搭配拼装胎架进行第三区域拼装，平台平行于拼装场地的 10m 宽的区域作为 300t 履带式起重机作业场地，其余部分作为材料堆场。

13.4.2　荣耀之环施工工艺比选分析与建议

荣耀之环的三种施工分别从施工方法、施工时间、措施费用，对原结构 R1 ~ R4 的影响、对中轴地下结构的影响、施工安全、施工质量、施工工期是否满足原合同要求进行分析。

从施工方法角度分析：方案一采用高空散拼 + 液压千斤顶整体提升，方案二采用悬臂法施工（配合行走式塔式起重机），方案三采用行走式门式高空平台。三个方案中从现场操作难易程度从方案一至方案三为逐级递增。

从施工时间角度分析：方案一施工周期从 2023 年 8 月 15 日 ~ 2023 年 12 月 2 日（共计 110 天），方案二施工周期从 2023 年 8 月 15 日 ~ 2024 年 3 月 22 日（共计 220 天），方案三施工周期从 2023 年 8 月 15 日 ~ 2024 年 8 月 15 日（共计 365 天）。三个方案中方案一满足施工工期周期最短且可控。

从措施费用角度分析：方案一施工措施费用预计为 4850 万元，方案二施工措施费用预计为 9000 万元，方案三施工措施费用预计为 12000 万元。三个方案中产生措施费用从方案一至方案三递增。

从对原结构 R1 ~ R4 的影响角度分析：方案一满足要求（原结构设计方案），方案二原结构设计方案不满足要求（悬挑施工要加固处理），方案三对原结构无影响。三个方案中方案一和方案三对原结构设计方案无影响，原结构 R1 ~ R4 方案无需进行调整。

从对中轴地下结构的影响角度分析：方案一荣耀之环下方为施工道路和材料、构件堆场；方案二高空作业情况下，圆环下方不能施工作业；方案三龙门架轨道基础需要占用场地做基础，且基础影响范围内及平台下部不能施工。三个方案中方案一影响相对最小。

从安全角度分析：方案一实施安全性较高；方案二实施安全性虽可控但风险较大；方案三实施高空平台作业及履带式起重机上下平台为重大危险源，风险较大。三个方案中从安全角度看方案一为最优。

从质量角度分析：方案一有成熟的施工经验和质量控制流程；方案二的合拢段起拱精度控制及质量把控难度较大，操作烦琐，极易产生对接错位的情况；方案三起拱精度控制及质量把控难度较大，国内外无类似工程案例可参照。三个方案中方案一为最优选择。

从施工工期是否满足原合同要求角度分析：方案一施工工期可满足圆环工期要求，方案二施工工期无法满足圆环工期要求，方案三施工工期无法满足圆环工期要求。三个方案中方案一可满足施工工期合同要求。

经过对荣耀之环的三种施工分析，方案一采用的高空散拼 + 液压千斤顶整体提升方案，技术方案安全可靠，圆环下的 4 座塔楼按此方案设计；整体提升方案有成功案例，安全性高；工期时间最短且费用最低；但该方案施工占用的场地面积大，对中轴地下施工影响较大。三个方案中在施工准备充分前提下，方案一“高空散拼 + 液压千斤顶整体提升”为荣耀之环的首选施工方案。

13.5　超高层塔楼钢结构倒挂施工专题分析

13.5.1　项目背景

上海金桥 1851 项目位于上海市浦东新区金桥镇，东至马家浜河，西至金桥路，南至川桥路，北至新金桥路。总建筑面积 14.6 万 m^2，其中地上建筑面积为 9.8 万 m^2，地下建筑面积为 4.8 万 m^2。

A 栋塔楼建筑高度 100m，地上 20 层，地下 3 层；B、C、D 三栋塔楼建筑高度均为 60m，地上 12 层，地下 3 层。三道过街连廊（连廊 A、连廊 B、连廊 C）钢结构均由 4 榀桁架及连接钢梁组成，连廊的跨度分别为 73.5m、64.5m、46.0m，高度均为 17.13m（图 13-7）。

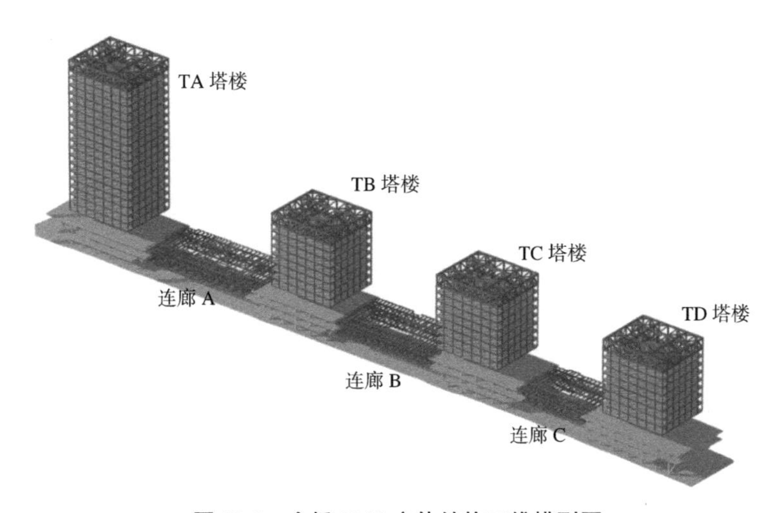

图 13-7　金桥 1851 主体结构三维模型图

塔楼 A、B、C、D 均采用屋顶倒挂式核心筒 + 钢外框架结构。以 A 塔楼为例，地上 1 ~ 4 层为混凝土裙房结构，4 层为无柱层，5 ~ 20 层的外框钢结构为屋顶倒挂式钢结构（图 13-8），按照结构形式需先施工屋顶钢桁架结构，在 4 层设置拼装胎架，拼装各楼层外框钢结构，随后逐步对楼层进行提升施工，使钢桁架始终处于设计受力状态，以达到设计要求。此工况与常规钢结构安装相比，大量使用提升系统，施工工况复杂，逐层提升施工难度大。

为此，结合屋顶钢桁架倒挂结构形式，采取顺逆结合的施工方案，在 4 层结构钢柱底部设置临时支撑体系，临时支撑体系设置在 4 层混凝土框架上，主要由柱底竖向支撑与转换箱梁体系组成。下层箱形梁直接传力至 4 层混凝土框架柱顶，上层箱形梁传力至下层箱梁，竖向支撑传力至上层箱梁，结构钢柱与竖向支撑连接，传力至竖向支撑。

待柱底临时支撑施工完成后，从 5 层开始依次进行塔楼外框 5 ~ 20 层外框钢结构吊装。利用 19 ~ 20 层的原结构钢柱作为临时支撑，在与桁架对接的钢柱节点设置永临结合点。

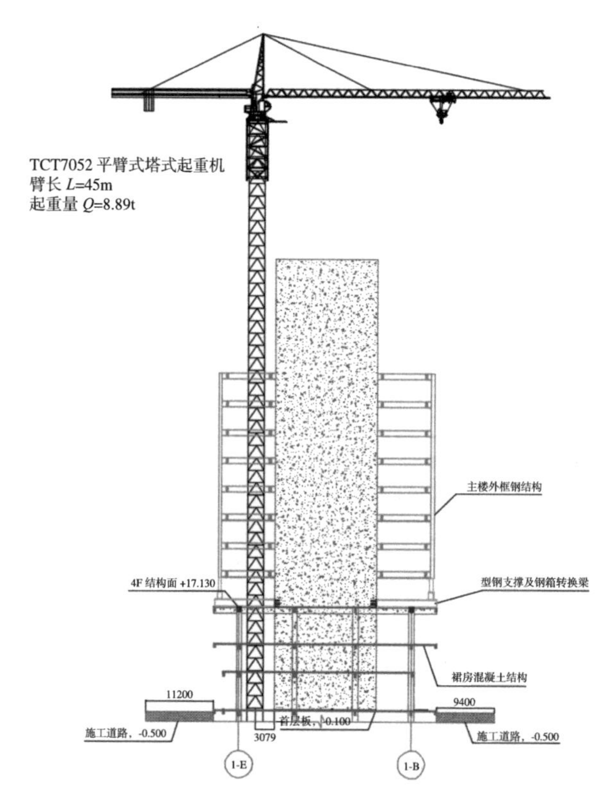

图 13-8　塔楼外框钢结构吊装立面图

屋面钢桁架中悬挑钢桁架为主受力桁架（图 13-9），环带钢桁架传力至悬挑钢桁架，悬挑钢桁架传力至核心筒，待桁架层施工完成后，再拆除下部支撑，完成结构受力转换。

屋面桁架层安装、焊接完成后，卸载屋面桁架层临时支撑体系，使桁架层与下方外框钢结构处于脱开状态，进而安装塔楼外框钢结构提拉系统。随即对 5 ~ 18 层钢结构进行原位提拉施工，终固 18 ~ 19 层的结构钢柱，连接钢桁架与下方外框钢结构，随后依次拆除钢柱底部临时支撑体系及屋面钢桁架的提拉系统（图 13-10）。

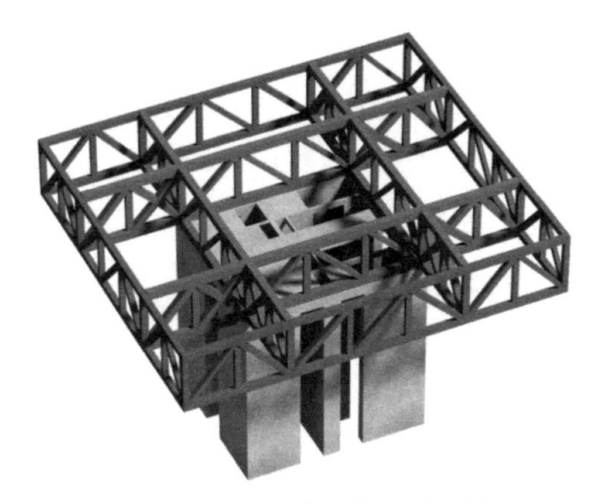

图 13-9　屋面钢桁架体系效果图

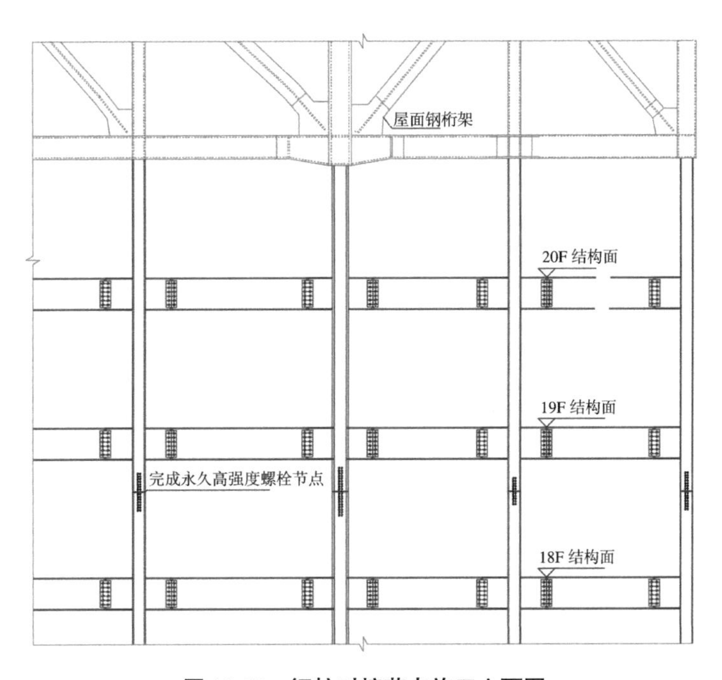

图 13-10　钢柱对接节点施工立面图

13.5.2　钢结构倒挂施工方案分析与建议

考虑到钢结构倒挂的特殊性及相应的施工难度，特针对本项目钢结构倒挂的方案进行审核，通过后台专家讨论分析，对施工单位的钢结构倒挂方案分析建议如下。

1. 整体场布建议

（1）本项目周边均为已建成建筑物及市政道路，现场施工作业场地狭长，建议进一步调查施工周边环境情况，细化施工场布图，明确施工的临时道路和出入口、吊机站位作业位置、钢构件周边地下室位置等关系，明确临时水电、消防设施、氧气乙炔等气体的布置。

（2）建议对钢结构吊装过程中的工况进行专项分析，绘制汽车式起重机、塔式起重机吊装作业的平、立面图，明确停机作业时周边情况，明确作业半径、起重臂长度、额定起重量、吊装构件重量、吊索具配置等参数。

2. 钢结构生产、吊装施工建议

（1）建议桁架在出厂前进行预拼装，可以进一步保证现场安装的精度。

（2）塔楼吊装的临时支撑结构荷载分布在4层结构楼面上，连廊桁架吊装临时支架支撑在地下室结构上，转换箱梁、临时支撑等的设置，利用原结构承担额外荷载，均应作安全验算，并且其计算书应由结构设计单位复核确认，确保原结构不被破坏。

（3）需进一步完善桁架吊装保障措施，补充桁架的防倾覆措施，建议利用分段两榀桁架形成稳定框架结构后再扩展安装其他分段构件，确保桁架整体处于稳定状况。

（4）建议进一步优化连廊吊装用临时支架设计，补充连接节点详图，增加斜支撑以提高支架的水平刚度。

（5）建议按最不利工况计算汽车式起重机的最大支腿力，需基坑设计单位复核汽车式起重机位于地下室边线附近的支腿反力对原结构的影响，避免对地下室造成破坏。

3. 提拉施工建议

（1）完善提拉等相关措施，明确相关提拉设备布置，补充提拉钢绞线、提拉支架、上下锚点等加工详图，并细化提拉支架、提拉过程的相关安全验算。

（2）明确上部提拉与下部支撑拆除的协调配合关系，明确由压转拉的提拉行程总值。结构由压转拉的转换方法建议进一步考虑是上部提拉还是下部卸载。

（3）提拉前5 ~ 18层钢柱为受压状态、提拉施工后5 ~ 19层钢柱转换为受拉，如何监控5 ~ 19层钢柱达到设计规定的受拉值；提拉时下部临时支撑体系与5层外框结构处于什么连接状态，应补充说明。

（4）进一步考虑提拉完成并实现受力转换后，对楼面钢梁与核心筒节点的影响。

« —第四篇— »

展·望·篇

近年来，随着城市规模的不断扩张，超特大城市面临中心地价升高、环境污染、交通拥堵等问题。国家发展改革委在《"十四五"新型城镇化实施方案》中明确提出，转变超大特大城市开发建设方式，积极破解"大城市病"，推动超大特大城市瘦身健体。北京、上海等超大城市都选择了控制常住人口、疏解部分功能及设施，以缓解城市的人地矛盾。上海作为中国特大城市的代表，同时也是国内最早开始副中心建设的特大城市之一，早在1999年上海市城市总体规划编制时便已提出建设"一主四副"的发展设想。城市副中心的发展，逐渐从"主城纾困"向"产城融合"转变，承担的功能也从单一的公共服务拓展至生活、产业、科创、文体等涵盖多个领域的复合功能。这些副中心通常具有独立的商业、文化、教育、医疗等公共服务设施，能够吸引人口和产业集聚，缓解城市中心区域的交通拥堵、环境污染等问题，提高城市的整体运行效率和居民的生活质量。以北京、上海等超大特大城市为先导的城市副中心的兴起，将使副中心城市推向区域经济新的增长级，势必会在其他省市延续与发展。城市副中心的兴起、多产业业态的集聚将推进区域整体开发进程。

存量发展时代之下，全球城市中心区的持续更新或将成为常态，以上海为例，《上海城市更新条例》中将城市更新分为区域更新和零星更新。区域更新包括体系型更新和区域整体开发，其中区域整体开发起着至关重要的作用。面对当下城市愈发复杂的系统问题，城市更新建设往往牵一发而动全身，这对于区域整体建设阶段的管理提出更高的要求，围绕"留、改、拆"并举，定制针对性的管理举措，对风险预先识别，统筹管理，确保片区开发建设安全。

城市副中心建设与城市更新行动助力城市建设高质量发展，区域整体开发建设如火如荼，施工总控服务即是在此趋势下应运而生，未来又该如何发展？

围绕未来发展过程中可能出现的新技术、新问题、新挑战，团队有以下几个方面的思考。

1. 总控模式趋向专业化、精益化

目前，区域集群总控不断探索创新，以专业科学的技术技能为支撑，以"1+1+N+X"的总控服务模式为纽带，总控模式逐渐清晰。不同的区域整体开发模式对于总控服务的要求不尽相同，未来的总控模式研究可以立足区域整体开发建设的全局性视角，立足项目自身特点，围绕总控"1+1+N+X"的核心服务模式，延长固有总控服务的长度，探索并扩展"X"总控服务内容，通过融通创新加快工程建设领域施工管理模式的转型升级。

技术是核心，管理是手段。随着建筑行业技术的进步与发展，在未来会产生更多新技术、新工艺，作为区域整体开发集群总控，技术是管理的基础，更应该及时跟进新型技术、工艺的发展，需要了解关键技术与实现难点，技术上的专业化将会助力集群总控在业内有更多话语权。

在未来，区域整体开发的建设类型、管控要求会逐步增多，区域开发集群总控服务将会趋向定制化，未来是以定制化需求倒逼区域总控服务模式向着更加细分、更加多元的方向全面改进，对总控单位而言是机遇又是挑战，通过在项目实践过程中的融通创新，进一步实现企业的精益化聚焦管控，驱动企业的价值链重构，进一步提升企业在业内的竞争力。

2. 总控服务人才培养趋向复合型、多维度

伴随着施工总控业务的逐步开展，未来区域整体开发过程中，所涉及的建筑类型、建筑业态、项目之间的界面关系日益复杂，对高素质技能人才、管理人才的需求日益增长，加快总控人才的培养刻不容缓，依托后台总控专家库成员，加快完善总控平台经验“传帮带”模式，促进总控人才供给与片区总控管理实际需求的紧密衔接，培养一批“一专多能”的复合型人才，促使总控人才培养朝着复合型、多维度的方向发展。

3. 数字化转型的挑战与机遇并存

建筑领域的数字化转型速度与其他行业相比相对滞后，这与建筑项目的定制化、差异化、现场化有关，单一的计算机编程往往难以实现。近几年 BIM 技术、人工智能的崛起与飞速发展，给予建筑行业数字化转型方面新的契机。

目前，施工总控团队已利用 BIM 三维可视化技术，结合区域开发整体的建设时序策划，将空间信息与时间信息相互整合到一起，实现片区建设时序的三维可视化模拟效果，更好地展现同一时间不同地块的施工情况，进一步验证建设时策划的可靠性，运用 BIM 三维可视化手段进行片区开发建设的界面管理，进一步避免片区开发过程中出现交叉（重叠）、漏项、纠纷（冲突）。同时，总控团队从区域整体开发的宏观层面入手，由表及里逐步深入项目界面管理，分阶段分专项进行 BIM 仿真动画模拟，将 BIM 模拟结合现场实际施工状态进一步细化，真正起到指导现场施工的作用。

在未来，利用人工智能技术来辅助施工总控工作是完全可能的。人工智能可以通过数据分析和预测模型帮助优化施工进度管理、资源分配以及质量控制。例如，人工智能可以分析历史数据和实时监测信息，预测可能的施工延误或质量问题，并提前采取措施进行调整，从而降低风险和成本。再如，人工智能还可以通过机器学习算法优化施工计划，根据不同的条件和变化快速调整施工策略，提高整体效率和响应能力。此外，通过人工智能技术，模拟人的思维与行为方式，可以实现识别施工现场内人的

不安全行为、预测项目工期、信息集成分析等任务，协助片区总控动态管理。

随着技术的进步和应用场景的扩展，人工智能对施工总控工作的支持将会成为未来施工管理的重要趋势之一。在未来，施工总控团队将会加大与高校、科研院所、互联网公司的紧密合作，将总控现场管理需求与科研理论、人工智能技术相衔接，逐步推进建设领域施工管理的数字化转型，助力区域总控的高效管理。

4. 政府政策尚需跟进，行业认同感尚需提高

从工程监理、全过程咨询到区域开发施工总控，过程中的每一项角色的提出都是根据城市建设的需求应运而生。2020 年，习近平总书记分别在第十三届全国人民代表大会第三次会议和浦东开发开放 30 周年庆祝大会上强调“把生命周期管理理念贯穿城市规划、建设、管理全过程各环节”。施工阶段集群总控作为贯穿全生命周期管理理念的代表，相对应的政府政策尚需跟进，例如，目前区域整体开发施工阶段的取费标准尚未明确，专业化总控人才认定与培养标准尚未明确等。同时，区域整体开发模式尚处于探索实践阶段，总控的职、责、权界定不一，行业内的认同感尚需提高，一方面需要政府政策的大力支持，另一方面需要总控团队在实践中不断探索更多、更有效的管控成果在业内推广。

5. 项目管理趋向整体统筹、全过程、系统化、自驱型

项目总控，在诞生之初就是以强化项目目标控制和项目增值为目的，旨在加强业主方在项目前期和建设期间的决策水平。项目总控的管理范围往往涉及投资、设计、成本预算、管理学、质量监督与把控、安全预防等领域，要求相应的实施单位要具有非常全面、专业的能力。而在实际的工程项目中，项目总控往往由多个单位或团队构成，比如负责区域整体开发项目投资阶段的单位或团队会提供“投前、投中、投后”的一体化投资风控模式；负责区域整体开发项目设计的单位或团队会提供从城市规划到建成落地的系统性设计管理服务；负责区域整体开发项目施工管理统筹的单位或团队会提供从片区项目建设之初到竣工交付的全过程施工管理。各大总控之间需要信息的及时沟通与整体统筹，如果一方或几方对相应的内容总控把握失当，则容易导致项目管理失控。如果负责投资的单位一味要求节约成本，容易造成设计、进度、质量的实际脱节；如果负责设计的单位一味追求整体效果的呈现而忽视现场实际进度、工况，也容易影响整个建设项目进展。因此，现阶段的总控严格意义上属于各自领域的总控，尚需业主方进行统筹或决策。

接下来，随着项目总控管理模式的不断实践，政府政策与行业的进一步推动，项目管理趋向整体统筹、全过程、系统化、自驱型管理。总控的提出本身就是对区域整

体开发的各个项目的信息集成，围绕现阶段总控类型多样的现状，更需要回归到总控设置的最终目的——整体统筹。而区域整体开发过程中，施工总控的角色不仅需要在施工阶段统筹考虑片区的施工管理，更需要在项目建设之初便尽早介入，根据区域整体开发的概念方案综合研判开发、施工工序、形式，全过程参与项目建设，沟通前期投资、造价、设计、施工各个单位或团队，相较于其他单位，施工总控在沟通、统筹方面优势明显，更有机会形成系统性管理思维。同时，随着项目信息在施工总控层面的系统性集成，项目开发建设过程中的一些问题从施工总控层面便可预先发现，进而沟通设计、施工等单位或团队协调解决，实现建设项目的自驱型管理。

区域整体开发施工阶段项目集群总控是顺应时代发展、与时俱进的一种创新管理模式，它跳脱出固有的单一地块管理思维，统筹区域整体开发建设施工管理，合理调配、利用区域内的资源，以一种宏观视角，延长传统项目管理服务链，是对单一地块的延伸管控，为区域开发决策提供强有力的技术支撑。

面对未来区域整体开发的复杂性与矛盾性，施工总控依然需要依靠专业思维与整体统筹意识，不断创新总控管理模式，逐步实现区域整体开发的精细化与动态管控，逐步实现区域整体开发施工总控集成化管理的升级转型，进一步提升区域整体开发项目建设管理效能，进而推动工程建设领域施工管理的高质量发展。

参考文献

[1] 陈辞，李强森 . 城市空间结构演变及其影响因素探析 [J]. 经济研究导刊，2010，(18)：144-146.

[2] 石忆邵 . 从单中心城市到多中心域市——中国特大城市发展的空间组织模式 [J]. 城市规划汇刊，1999，(3)：26-80.

[3] 谷海洪，诸大建 . 欧洲空间区域一体化的规划 [J]. 城乡建设，2005，(11)：65-68.

[4] 王兰，叶启明，蒋希冀 . 迈向全球城市区域发展的芝加哥战略规划 [J]. 国际城市规划，2015，30 (4)：34-40.

[5] 谷人旭 . 国际大都市的区域规划 [J]. 地理教学，2005，(8)：1-3.

[6] 项鼎 . 韩国汉城都市区的发展与问题 [J]. 城市问题，2000，(4)：60-63.

[7] 许超，郑璇，张琼琼 . "创新街区" 国际案例分析——新加坡纬壹科技城的经验与启示 [J]. 山西科技，2018，33 (4)：6-10.

[8] 张俊 . 创新导向下高科技园区的规划管控研究 [D]. 广州：华南理工大学，2019.

[9] 罗圣钊，栾峰 . 东京临海副都心规划建设历程及经验解析 [J]. 上海城市规划，2022，(4)：142-148.

[10] 罗捷 . 项目总控在房产项目施工质量安全监控中的应用研究 [D]. 杭州：浙江大学，2018.

[11] Sun D J，Wang W D，Guo H .Discuss on Trust Level Evaluation Indexes of the Owner to the Controlling Based on Project Controlling Mode[J].Advanced Materials Research，2011，1270 (250-253)：1046-1049.

[12] Shuai Y Q，He B Y .Study on the Design of Project Controlling Information Management System for Large-Scale Hydraulic Engineering[J].Advanced Materials Research，2013，2331 (671-674)：3130-3133.

[13] 汪晓波 . 项目总控管理模式在大型工程项目建设中的应用研究 [D]. 杭州：浙江大学，2018.

[14] 杨学英 . 建设工程项目总控团队组织模式探索 [J]. 建设监理，2016，(2)：17-19.

[15] 李永奎，乐云，卢昱杰 . 基于 SNA 的大型工程项目组织总控机制及实证 [J]. 同济大学学报 (自然科学版)，2011，39 (11)：1715-1719.

[16] 王广斌，王寅囡，谭丹 . 基于项目总控理论的虹桥国际机场扩建工程进度跟踪与控制研究 [J]. 建筑经济，2010，(4)：74-76.

[17] 贾广社，高欣 . 大型建设工程的新型管理模式——项目总控 [J]. 科技导报，2002，(5)：41-44.

[18] 张军 . 项目总控管理模式在乐昌峡水利工程中的应用 [J]. 人民长江，2011，42 (7)：103-106.

[19] 张晶晶 . 武汉国际博览中心项目合同总控报告设计 [D]. 武汉：华中科技大学，2012.